OPアンプ活用 100の実践ノウハウ

松井邦彦 著

最善の性能を引き出す選択と活用のすべて

CQ出版社

まえがき

「OPアンプ108のノウハウ」という単行本を作ってみませんか？という依頼を受けて，ちょっと間をおいて，「了解しました」と返事．このちょっとの間は，じつは数年前にも単行本出版の話があり，いつの間にか消滅してしまった経過があったからだ．前回はアナログ回路技術の内容だったと思うが，今回はさらに守備範囲の狭いOPアンプの話だ．この本が売れるかどうかは別にして，108のアイテムを1，2ページ単位で紹介する構想には少々興味があったので引き受けることにした．しかしながら過去，私がトラ技その他に掲載した記事をもとにして記事をまとめていくと，70〜80アイテムあたりからトラ技だけの原稿では足りなくなってしまった．けっきょく "108くらいすぐ集まる" とたかをくくっていた私は，すぐに "こんなはずでは" という後悔の念に襲われることとなった．しかも "初心者でも読める本" というのがこの本作りのコンセプトにあったので，あまりトリッキーな記事は載せられない．新規分の原稿と併せてどうにか108を集めることができた．ただ，編集の段階でより読みやすくするために100のアイテムにまとめられた．

　この本は，下記の章から構成されている．

第1章　はじめに理解するOPアンプ実践ノウハウ

第2章　単電源/ロー・パワーOPアンプ実践ノウハウ

第3章　高精度OPアンプ回路実践ノウハウ

第4章　微小電流OPアンプ回路実践ノウハウ

第5章　ロー・ノイズOPアンプ回路実践ノウハウ

第6章　高速OPアンプ回路実践ノウハウ

第7章　OPアンプの安定性/発振対策への実践ノウハウ

第8章　OPアンプ増幅回路の実践ノウハウ

第9章　アッテネータ＆フィルタ回路実践ノウハウ

第10章　非線形OPアンプ回路実践ノウハウ

第1章から第7章まではOPアンプ使用時の基本的なノウハウを，第8章以降は応用時のノウハウをわかりやすく紹介したつもりである．"読者に役に立つように" を念頭に記事を選んだつもりなので，自分では中身が濃いと思っているのだが…（ただし販売部数には直接には結びつかないのが残念だが）．

　一番最後に難儀をしたのが表組である．OPアンプの仕様をできるだけ詳細に載せたい

が，それでは単なるデータ・ブックになってしまう．そこでこの本にピッタリとマッチした表組が必要になった．この表組を担当してくれたのが，ＣＱ出版（株）取締役　蒲生良治氏である．人に任せておけないと，自分から表組制作を買ってくれたのである．したがって，この本で一番お金がかかったのはこの箇所であることは言うまでもない．

　最後に 20 年以上も前にアナログ回路の面白さを教えてくれて，しかもこの本の出版の機会まで与えてくださった私の心の師　蒲生良治氏に厚くお礼申し上げます．また，いつも的確なアドバイスをくださる（株）シーディエヌ　代表取締役　野田龍三氏，勉強会での私の愛弟子　田中/長友両氏にも紙面を借りてお礼申し上げます．

1998 年秋　著者

目　次

第1章　はじめに理解するOPアンプ実践ノウハウ ……11

第2章　単電源/ロー・パワーOPアンプ実践ノウハウ ……31

第3章　高精度OPアンプ回路実践ノウハウ …………47

第 9 章　アッテネータ&フィルタ回路実践ノウハウ … 161

第 10 章　非線形 OP アンプ回路実践ノウハウ ……… 185

第 11 章　おまけの実践ノウハウ ………………………… 201

◆お断り◆

　本書では，OP アンプの適切な選択のために，できるだけ多くのデバイスを紹介してい
ます.

　設計に必要な電気的特性も記入してあります. しかし，すべてのデータを示している
わけではありません. 実際の採用に当たっては，必ず最新のメーカ製データ・シートに
よって確認されるようお願い申し上げます.

　また，本文・表中のメーカ名には以下の略号を使用しています(順不同).

AD	アナログデバイセズ社	MT	モトローラ社
MA	マキシム社	NJ	新日本無線(株)
EL	エランテック社	BB	バーブラウン社
LT	リニア・テクノロジー社	ME	三菱電機(株)
NS	ナショナルセミコンダクター社	MS	松下電子工業(株)
PH	フィリップス・セミコンダクターズ社	HA	ハリス社
TI	テキサスインスツルメンツ社	IS	インターシル社
NE	NEC　日本電気(株)	CL	コムリニア社
RY	レイセオン社		

<本文イラスト> 神崎 真理子

第1章
はじめに理解する OP アンプ
実践ノウハウ

1 / OP アンプを使うところ

OP アンプは正しくは Operational Amplifier と言います．日本語にすると**演算増幅器**となるのですが，これではやや仰々しいので，一般にはオペアンプとか OP アンプと呼んでいます．本書では OP アンプと呼ぶことにします．

回路シンボルは**図 1-1**のように，三角形で示されます．回路図の中にこの三角形があったら，「OP アンプを使っているな」ということがわかります．

OP アンプはいわゆるアナログ信号の増幅回路ですが，増幅回路には**負帰還回路**と呼ぶ付き物が必要です．OP アンプに負帰還回路を付けることにより，増幅回路にさまざまな特性をもたせることができるようになります．

〈図 1-1〉
OP アンプ IC のシンボルと外観

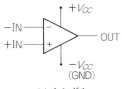

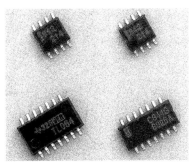

(a) シンボル　　　　(b) ミニ DIP タイプ　　　　(c) SOP-8，SOP-14 タイプ

特性をもたせた結果実現できる回路の主なものをあげると，

- DC ～低周波信号の増幅… DC アンプ
- オーディオ・アンプ…数十 Hz ～数十 kHz までの低周波信号の増幅器
- ビデオ・アンプ…DC ～数 MHz ～数十 MHz までのビデオ(映像)信号の増幅器
- アクティブ・フィルタ…数十 kHz までのハイパス・フィルタ，ローパス・フィルタ，バンドパス・フィルタ，ノッチ・フィルタなど
- アナログ演算…アナログ信号の加算，減算，微分，積分，Log 圧縮，開平など
- 信号変換…電圧-電流，電流-電圧，絶対値変換，RMS 変換

などがあります．

　ディジタル回路が主体となった最近は，アナログ回路はマイナ部分です．しかし信号を検出したり，信号の量を測ったりする部分には欠かせない技術として広く使われている技術です．**図 1-2** に OP アンプの主な用途を示します．

〈図 1-2〉OP アンプを使うところ

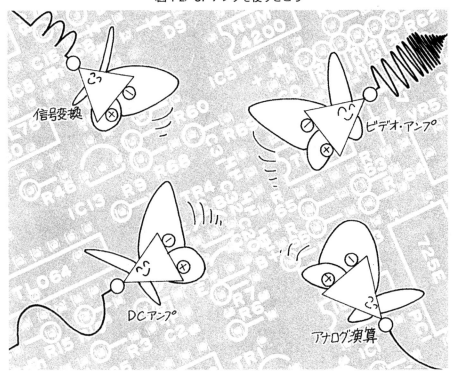

2 / OP アンプは何 V で動かすのが良いか

　これは筆者の経験からですが，OP アンプの電源電圧は，低周波回路では ±12 V くらいが作りやすく，高周波回路では ±5 V のほうが作りやすいと考えます．

　直流を含む低周波回路では，出力電圧は通常 10 V 〜 5 V 以下です．これは現在の OP アンプを使えば，電源電圧が ±12 V あれば実現は簡単です．仕様的に 10 V 出力がきついようなら，**レール to レール出力 OP アンプ**を使ってもよいでしょう．

　ところが 10 V 以上の出力電圧が要求されるとき，動作温度範囲が広いと ±12 V 電源動作ではちょっと無理で，この場合は電源電圧を ±15 V にしたほうがすっきりとまとまります．

　高周波回路では使用する OP アンプの消費電流が数 mA 〜十数 mA と大きいので，±12 V あるいは ±15 V 動作では OP アンプがかなり発熱してしまいます．しかも，高周波信号の出力電圧は 1 V 程度と小さいので，±5 V 動作で十分です．そのほうが OP アンプの発熱も小さくてすみます．最近の OP アンプのカタログを見るとわかりますが，**高周波 OP アンプ**の新製品では，最大電源電圧が ±6 V になっています．

　筆者のところにくる仕事で考えてみると，OP アンプの電源電圧はたいていはすでに決まってから入ってきます．というのは電源というのは意外と値段がかかってしまい，市販の標準品を購入するケースが多いからです．ディジタル用で +5 V，アナログ用で ±12 V あるいは ±5 V を用意してくれてる場合は非常に助かります．

　電源が +5 V だけしか用意されてないときは，単電源動作の OP アンプを使用することになるかもしれません．しかし単電源 OP アンプはそんなに品種も多くないし，汎用 OP アンプに比べるとまだ高価です．

〈図 1-3〉 OP アンプ電源に DC-DC コンバータを利用する

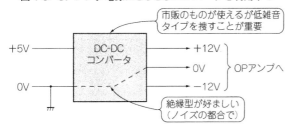

〈DC-DC コンバータの外観例〉

　一般には **DC-DC コンバータ**を用意することが多くあります(**図1-3**). こうすれば，電源電圧の問題は解決します. +5 V 入力から ±12 V を作ればすんでしまうからです. しかし，DC-DC コンバータのノイズ対策が重要です. DC-DC コンバータは基本的にスイッチング電源と同じで，大きな**スイッチング・ノイズ**を発生させるからです.

　図1-4 に DC-DC コンバータ使用時のノイズ対策例を示します. **LC フィルタ**で対策しますが，コンデンサ C_1, C_2 には高周波低インピーダンス品が必要です. **表1-1** にフィルタ用インダクタンス，**表1-2** に高周波低インピーダンス電解コンデンサの例を示します.

　なお，電解コンデンサのインピーダンス，とくに **ESR**(等価直列抵抗)は低温になると大きくなって，ノイズ除去効果が劣化します. そこで，最近は OS コンデンサを利用することもあります. **表1-3** に OS コンデンサの仕様を示しますが，OS コンデンサの ESR は $-55 \sim +105$ ℃の温度範囲でほぼ一定です. 参考までに，**図1-5** に各種コンデンサの ESR の温度特性を示します.

　ところで近年，ロジック・システムやバッテリ動作のポータブル・システムでは，+5 V に代わって +3.3 V が標準になりつつあります. そのためこれからは 3.3 V 電源電圧で動作する回路設計技術も重要になってきます. 参考までに**表1-4** に低電圧動作の OP アンプを紹介しておきます.

〈図1-4〉
LC フィルタによるノイズ対策例

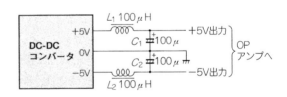

〈表1-1〉　フィルタ用インダクタ(ドラム型)の仕様例

型名	インダクタンス (μH)	定格電流(A)	メーカ
TSL0709-101KR66	100	0.66	TDK
822LY-101K	100	0.58	東光
CLR8BB101	100	0.75	富士電気化学

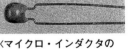

〈マイクロ・インダクタの
　外観例〉

〈表1-2〉
高周波低インピーダンス型
電解コンデンサの仕様例

型　名	定　格	インピーダンス (Ω max/20 ℃)	メーカ	備考
LXA16VB100M	100 μF/16 V	1.65 (100 kHzにて)	日本ケミコン	105 ℃ 7000 時間保証
UPQ1C101M	100 μF/16 V	0.35 (100 kHzにて)	ニチコン	105 ℃ 5000 時間保証

〈高周波低インピーダンス型電解
　コンデンサの外観例〉

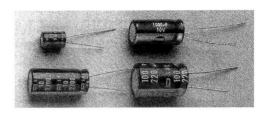

〈表 1-3〉OS コンデンサの仕様例

型　名	定　格	ESR(Ωmax)	メーカ
16SC10M	10 μF/16 V	0.15	三洋電機
16SA100M	100 μF/16 V	0.045	三洋電機

〈OS コンデンサの外観例〉

〈図 1-5〉コンデンサの ESR の温度特性
　　（0.47 μF，100 kHz にて）

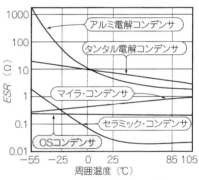

アルミ電解コンデンサ
タンタル電解コンデンサ
マイラ・コンデンサ
セラミック・コンデンサ
OSコンデンサ

ESR （Ω）
周囲温度（℃）

〈表 1-4〉
3.3 V で動作する単電源 OP アンプの例▼

型　名	回路数	入力オフセット電圧(mV)		ドリフト(μV/℃)		入力バイアス電流(A)		GB積(MHz)	スルーレート(V/μs)	動作電圧(V)	動作電流(mA)	メーカ	特徴	入力雑音電圧(nV/√Hz)@1kHz
		typ	max	typ	max	typ	max	typ	typ	(V)	(mA)			@1kHz
AD820A-3V	1	0.2	1	1		2p		1.5	3	3-36	0.62	AD	RO	16
OP90G	1	0.125	0.45	1.2	5	4n		0.03	0.012	1.6-36	0.03	AD	LP	40
OP295G	2	0.03	0.3	0.6	5	8n	20n	0.075	0.03	3-36	0.3	AD	RO	45
OP183G	1	0.3	1	4		350n	600n	5	10	3-36	1.2	AD	HS	10
MAX406B	1	0.75	2			0.1p		0.008	0.005	2.5-10	0.001	MA	RO	150
MAX478B	2	0.04	0.14	0.6	3	3n		0.05	0.025	2.2-36	0.013	MA		49
EL2242C	2	2	7	7		0.5n	1n	30	40	3-32	8.2	EL	HS	15
LT1078C	2	0.04	0.12	0.5		6n	10n	0.2	0.07	2.3-30	0.09	LT		28
LMC6482I	2	0.9	3	2		0.02p		1	0.9	3-15.5	1.2	NS	RO	37
NE5234	1	0.2	4	4		90n		2.5	0.8	2-5.5	2.8	PH	RO	
TLV2341	1	0.6	8	1		0.6p		1.1	3.6	2.0-8	0.675	TI	IS	32
TLV2262	2	0.3	2.5	2		1p		0.8	0.55	2.7-8	0.4	TI	RO	12

特徴:RO＝レール to レール出力,LP＝ロー・パワー,HS＝高速, IS＝動作電流設定

3 / ふつうの応用(〜1MHz，1Vオーダ)には 汎用 OP アンプを使う

　汎用 OP アンプにはこれといって際だった特徴はありませんが，値段が安く，一般的な応用では十分な性能をもった OP アンプのことです．

　初期の汎用 OP アンプの代表格といったら μA709，μA741 や LM301A などがあります．とくに μA741 は IC 内部で位相補償された汎用 OP アンプの先駆者で，今でも現役で活躍している息の長い製品です．初期設計の優秀さが計り知れます．ただし，741 はバイポーラ(トランジスタ)入力 OP アンプだったので入力バイアス電流が大きい欠点があり

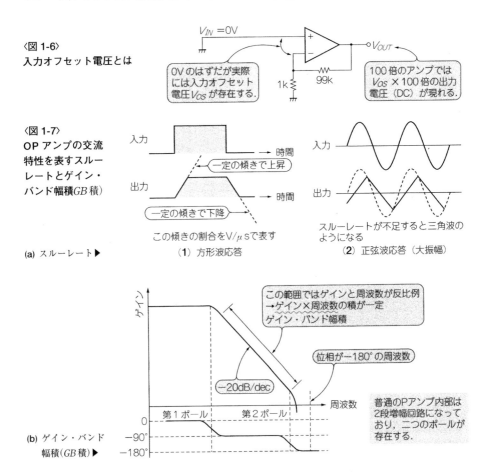

〈図 1-6〉
入力オフセット電圧とは

V_{IN} =0V

V_{OUT}

0V のはずだが実際には入力オフセット電圧 V_{OS} が存在する．

1k　99k

100 倍のアンプでは V_{OS} × 100 倍の出力電圧（DC）が現れる．

〈図 1-7〉
OP アンプの交流特性を表すスルーレートとゲイン・バンド幅積(GB 積)

入力

時間

一定の傾きで上昇

出力

時間

一定の傾きで下降

この傾きの割合を V/μs で表す

(a) スルーレート▶

（1）方形波応答

入力

出力

スルーレートが不足すると三角波のようになる

（2）正弦波応答（大振幅）

ゲイン

この範囲ではゲインと周波数が反比例
→ゲイン×周波数の積が一定
ゲイン・バンド幅積

位相が−180°の周波数

−20dB/dec

周波数

第1ポール　　第2ポール

0

−90°

−180°

普通の P アンプ内部は2段増幅回路になっており，二つのポールが存在する．

(b) ゲイン・バンド幅積(GB 積)▶

ました．このために，**LF356** や **TL071** のような FET 入力 OP アンプが作られました．

しかし FET 入力 OP アンプには**オフセット電圧**が大きいという欠点がありました．オフセット電圧というのは**図 1-6** に示すように，入力電圧がゼロであっても，出力にいくらか現れる電圧のことです．小さなレベルの DC 信号を扱うときにエラーとなる成分です．

オフセット電圧の問題を克服するために **LF411** や **AD711** のように，内部トリミングによってオフセット電圧を小さくした OP アンプも登場しました．最近では値段の安い OP アンプにも，内部トリミング技術が使われるようになってきました．

いっぽう，オーディオ用として使うには **741** は AC 特性もノイズ特性も今一つでした．そこでオーディオ向けに改良された **RC4558** や **NE5532** などが登場してきました．さらに改良された **LM833** なども市販され，オーディオ用 OP アンプは AC 特性やノイズ特性などで非常に優れた特性をもつようになりました．

表 1-5 に従来からの汎用 OP アンプの仕様を示しておきます．

比較的新しい汎用 OP アンプの **MC33077** は *GB* 積(ゲイン・バンド幅積)が 37 MHz，スルーレートが 11 V/μs という高速性が特徴です．*GB* 積とスルーレートは**図 1-7** に示すように，OP アンプの交流特性を見るときの重要な要素です．

〈表 1-5〉 従来の汎用 OP アンプの例

型　　名	回路数	入力オフセット 電圧(mV)		ドリフト (μV/℃)		入力バイアス 電流(A)		*GB* 積 (MHz)	スルー レート (V/μs)	動作 電圧	動作 電流	メーカ	入力雑音 電圧 (nV/$\sqrt{Hz}$) @1 kHz
		typ	max	typ	max	typ	max	typ	typ	(V)	(mA)		
μPC741C	1	1	6	3	30	80n		1.5	0.5	±7.5-16	2	NE	30
RC4558	2	2	6			200n		2.5	0.5	±4-15	2.5	RY	10
NE5532	2		5	5		200n		10	9	±3-20	8	PH	5
NE5534	1		5	5		500n		10	9	±3-20	4	PH	4
LM833	2	0.5	5	2		500n		15	7	±5-18	5	NS	4.5

(a) バイポーラ入力

型　　名	回路数	入力オフセット 電圧(mV)		ドリフト (μV/℃)		入力バイアス 電流(A)		*GB* 積 (MHz)	スルー レート (V/μs)	動作 電圧	動作 電流	メーカ	入力雑音 電圧 (nV/$\sqrt{Hz}$) @1 kHz
		typ	max	typ	max	typ	max	typ	typ	(V)	(mA)		
LF356	1	3	5	5		30p		5	7.5	±5-20	5	NS	12
LF411	1	0.8	2	7	20	50p		4	15	±5-20	1.8	NS	25
TL071C	1	3	10	10		30p		3	13	±4-15	1.4	TI	18
AD711J	1	0.3	3	7	20	20p		4	16	±4.5-18	2.5	AD	18

(b) FET 入力

　MC33077 はこのほかに，オフセット電圧が 0.13(1 max) mV，ドリフトが 2 μV/℃と DC 特性も良好です．汎用 OP アンプも DC 特性と AC 特性が両立しないと売れない時代になったようです．

　NJM4580 は **LM833** と同等の AC 特性ながら，DC 特性がさらに改善されています．**OP275** もオーディオ用なのですが，使ってみるとじつにフラットな周波数特性が得られます．**OPA604** もオーディオ用ですが，珍しく JFET 入力タイプです．スルーレートが 25 V/μs と大きく，*GB* 積も 20 MHz あります．

　表 1-6 に最近の汎用 OP アンプの仕様を示しておきます．

　このように汎用 OP アンプだからといってばかにできません．どんどん回路の中に活用するべきです．**RC4558** などはセカンド・ソース品も多く入手性が良いので，オーディオ用に限らず汎用に盛んに使用されています．

〈**表 1-6**〉　**最近の汎用 OP アンプの例**

型　名	回路数	入力オフセット電圧(mV)		ドリフト(μV/℃)		入力バイアス電流(A)		*GB* 積 (MHz)	スルーレート (V/μs)	動作電圧	動作電流	メーカ	入力雑音電圧(nV/√Hz)@1kHz
		typ	max	typ	max	typ	max	typ	typ	(V)	(mA)		
MC33077	2	0.13	1	2		280n		37	11	±2.5-18	3.5	MT	4.4
NJM4580	2	0.3	3			100n		15	5	±2-18	6	NJ	
OP275G	2		1	5		100n		9	22	±4.5-22	5	AD	6
μPC4572C	2	0.3	5			100n		16	6	±2-7	4	NE	4

(a) バイポーラ入力

型　名	回路数	入力オフセット電圧(mV)		ドリフト(μV/℃)		入力バイアス電流(A)		*GB* 積 (MHz)	スルーレート (V/μs)	動作電圧	動作電流	メーカ	入力雑音電圧(nV/√Hz)@1kHz
		typ	max	typ	max	typ	max	typ	typ	(V)	(mA)		
MC33282	2	0.2	2	5		30n		30	12	±5-18	3.5	MT	18
MC34182	2	1	3	10		3n		4	10	±1.5-18	0.42	MT	38
OP282	2	0.2	3	10		3n		4	9	±4.5-18	0.4	AD	36
OP604	1	1	3	8		50n		20	25	±4.5-22	5.3	BB	11

(b) FET 入力

---

4 ╱ **使用温度範囲の広い OP アンプを求めると価格が高くなる**

　普通の電子機器の使用温度範囲と言ったら，たいていは 0 ～ 50℃くらいの範囲ですが，セットの使用温度範囲が −20 ～ +70℃という回路の設計を頼まれました．OP アンプなどの IC 類の使用温度範囲は一般に，

- 一般用；0 〜 +70℃
- 通信工業用；-25 〜 +85℃
- 軍用規格；-55 〜 +125℃

となっているので，通信工業用の IC を探せば大丈夫と思っていました．

ところが一般用で安価な OP アンプも，通信工業用では値段が急騰することがわかりました．何社かに使いたい OP アンプの見積りをお願いしましたが，やはり一般用に比べるとかなり割高です．しかも納期が一般用に比べてかかるのも難点でした．

そんな中で TI 社の **TLC274AIN**(-40 〜 +85℃)が FET 入力 OP アンプの中では納得できる価格と納期だったことで採用を決めました．バイポーラ入力 OP アンプではもともと -40 〜 85℃品しかない NEC の μPC844G2 に決めました．いずれも 4 回路入り OP アンプ(SO パッケージ)です．参考のために，**TLC274** と μ**PC844** の仕様を**表 1-7** に示しておきます．

〈表 1-7〉TLC274/ μ PC844 の仕様

型　名	回路数	入力オフセット電圧(mV)		ドリフト(μV/℃)		入力バイアス電流(A)		GB積(MHz)	スルーレート(V/μs)	動作電圧(V)	動作電流(mA)	メーカ	入力雑音電圧(nV/√Hz)@1kHz
		typ	max	typ	max	typ	max	typ	typ				
TLC274A	4	0.9	5	2		0.6p		2.2	5.3	4.0-16	2.7	TI	25
μPC844G2	4	1	6			140n		3.5	8.5	5.0-30	7.5	NE	

〈表 1-8〉各メーカのサフィックスの意味①

動作温度範囲(℃)	AD		NS	TI	NEC
0 〜 +70	——→ 高性能 I,J,K,L,M		C(または型名の先頭あるいはそれに続く数字が3)	C	特になし．(-20 〜 +80℃ または -40 〜 +85℃)
-40 〜 +85	——→ 高性能 A,B,C		I(または型名の先頭あるいはそれに続く数字が2)	I	
-55 〜 +125	——→ 高性能 S,T,U		M(または型名の先頭あるいはそれに続く数字が1)	M	

(a) 温度を表すサフィックスの例

(b) パッケージを表すサフィックスの例
(注) 最近は省スペース化のために，より小型のパッケージ(例えばマイクロSOP, 5 ピン SOP など)が用意されている．

パッケージ・タイプ	ADI	NS	TI	NEC
プラスティックDIP	N	N	P(8 ピン)N(14 ピン)	C
プラスティックSOP	R	M	PS(8 ピン)NS(14 ピン)	G2
MIL規格品	H(メタル)Q,D(DIP)	H(メタル)D,J(DIP)	JG(8ピンDIP)J(14ピンDIP)	

　OP アンプに限らず，通信工業用以上の使用温度範囲の IC は高価です．業種にもよる
でしょうが，通信工業用に使用できる IC をチェックしておくことは重要です．一般に IC
を使用するときは，型名のサフィックス記号に注意します（**表 1-8**）．サフィックスが使用
温度範囲やパッケージを示しています．

〈**表 1-8**〉　各メーカのサフィックスの意味②

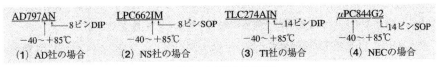

(c) 各メーカの型名の付け方

5 ／ 1 パッケージ 1 回路，2 回路，4 回路入りがある

　かつての OP アンプ IC は，1 パッケージに 1 回路というのが常識でした．しかし，他
の IC と同様に，IC の微細加工技術の進歩によって，OP アンプのチップ・サイズも小さ
くなり，1 チップの中に OP アンプを 2 回路，あるいは 4 回路収納するものが登場しまし
た．ユーザにとっては，多くの OP アンプを使っても使用する IC は少なくて良いという
メリットが生まれました．そして，OP アンプの低価格化にも拍車がかかりました．

　図 1-8 に代表的な OP アンプ IC のピン接続図を示します．

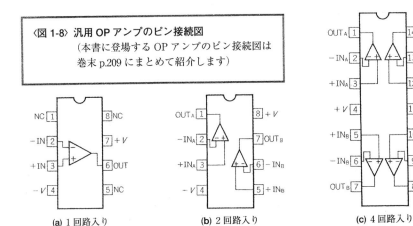

〈**図 1-8**〉汎用 **OP アンプのピン接続図**
　（本書に登場する OP アンプのピン接続図は
　　巻末 p.209 にまとめて紹介します）

(a) 1 回路入り　　　　(b) 2 回路入り　　　　(c) 4 回路入り

1チップに複数のOPアンプを詰め込んだICの特徴は，1チップ内のそれぞれのOPアンプの以下の特性が非常に似た特性に出来上がるということです．

・ 入力バイアス電流

・ 周波数特性

・ スルーレート

いっぽう，1チップ内であってもオフセット電圧やオフセット電流を同様の特性にすることはできません．

比較的多くのOPアンプを使用するアクティブ・フィルタなどでは，2回路入り，4回路入りOPアンプICを利用するのが非常に効果的です．ただし，複数回路入りOPアンプには入力オフセット電圧の調整端子がありません．

オフセット電圧の調整が必要なときは，調整端子をもった1回路入りOPアンプを使うのが賢明です．外部にオフセット電圧調整回路をもつ方法もありますが，これは一般にコスト高になってしまいます．

6 ／入力オフセット電圧は1回路入りOPアンプが小さい

著者はほとんどの場合，OPアンプは2回路入り(デュアル・タイプ)を使用しています．1回路入り(シングル・タイプ)でも2回路入りでも同じ8ピン・パッケージなので，2回路入りのほうがプリント基板実装時の面積効率が良いからです．

デュアル・タイプではシングル・タイプに比べると実装面積が約半分(実際には *CR* などの部品も載るのでこれ以下になる)になります．では同じ理由で4回路入り(クアッド・タイプ)はもっと良いかというと，今度はレイアウトがしにくいのであまり使用していません．結局，使いやすいのはデュアル・タイプということで落ち着くのです．

1回路入りはまったく使用しないかというと，やっぱりどこかで使用しています．OPアンプを1個しか使わないのに，無理してデュアル・タイプを使うこともありません．オフセット調整が必要な回路のときは，オフセット調整端子をもったシングル・タイプのOPアンプを使います．

あまり気にかけないと思いますが，じつはシングル・タイプのほうが**表1-9**に示すように入力オフセット電圧が小さいのです．デュアル，クアッドとなるにつれ，オフセット電圧は大きくなっていきます．

図1-9にOPアンプ2個(ICは1個)で構成できる代表的な応用回路例を示します．

〈表1-9〉パッケージによるオフセット電圧の違い

型　名	回路数	入力オフセット電圧(mV)		ドリフト(μV/℃)		入力バイアス電流(A)		GB積(MHz)	スルーレート(V/μs)	動作電圧(V)	動作電流(mA)	メーカ	入力雑音電圧(nV/$\sqrt{Hz}$)@1kHz
		typ	max	typ	max	typ	max	typ	typ				
MC34181	1	0.5	2	10		3p		4	10	±1.5-18	0.21	MT	38
MC34182	2	1	3	10		3p		4	10	±1.5-18	0.42	MT	38
MC34184	4	4	10	10		3p		4	10	±1.5-18	0.84	MT	38

〈図1-9〉OP アンプ 2 個…デュアル OP アンプの定番回路例

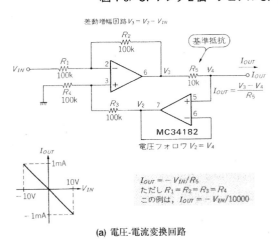

$$I_{OUT} = -V_{IN}/R_5$$
ただし $R_1 = R_2 = R_3 = R_4$
この例は，$I_{OUT} = -V_{IN}/10000$

(a) 電圧-電流変換回路

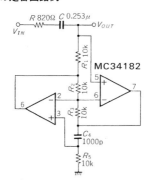

$L = R_1 R_3 C_4 R_5 / R_2$
この例は，$L = 100$mH
ここでは LC 型2次ハイパス・フィルタをシミュレート．
フィルタの仕様
$$f_c = \frac{1}{2\pi\sqrt{LC}} \quad Q = \frac{1}{R}\sqrt{L/C}$$
この例は，$f_c = 1$kHz，$Q = 0.77$
のバタワース特性に近い2次ハイパス・フィルタ

(c) シミュレーション・インダクタ

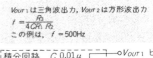

V_{OUT1} は三角波出力，V_{OUT2} は方形波出力
$$f = \frac{R_3}{4CR_1 R_2}$$
この例は，$f = 500$Hz

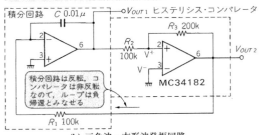

(b) 三角波・方形波発振回路

7 / 負荷をドライブするときは容量負荷に強い OP アンプを使う

　覚えておくと便利な汎用 OP アンプに，**容量負荷**に強い OP アンプがあります．これは OP アンプの発振原因になる容量負荷に対して，出力回路の工夫で強くした OP アンプです．一般に，OP アンプ(とくにバッファ回路)の出力に 100 pF も付けようものなら簡単に発振してしまいます(**写真 1-1**)．オシロスコープのプローブをつないだら発振した，というケースはこれに当たります．プローブには数十 pF の容量があるからです．

　しかし，耐負荷容量値を規定してくれている汎用 OP アンプがあります．主なものを**表 1-10** に示します．

〈写真 1-1〉
容量負荷で発振する OP アンプ
(CMOS OP アンプ LMC662 の負荷に 150pF を付けた．入力は 30kHz の方形波)

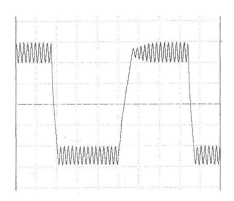

〈表 1-10〉 容量負荷に強い主な汎用 OP アンプ

型　名	回路数	入力オフセット電圧 (mV)		ドリフト (μV/℃)		入力バイアス電流(A)		*GB*積 (MHz)	スルーレート (V/μs)	動作電圧 (V)	動作電流 (mA)	メーカ	耐負荷容量(pF)
		typ	max	typ	max	typ	max	typ	typ				
LF356	1	3	5	5		30p		5	7.5	±5-20	5	NS	10000
MC34071	1	1	5	10		100n		4.5	13	±1.5-22	1.6	MT	10000
μPC811C	1	1	2.5	7		50p		4	15	±5-16	2.5	NE	10000
OPA2131	1	0.2	1	2	10	5p		4	10	±4.5-18	3	BB	10000
TLE2141C	1	0.22	1.4	1.7		800n	2000n	5.8	45	±2-22	3.4	TI	10000
OP279G	1		4	4			300n	5	3	5.0-12	4	AD	10000

▶ FET 入力タイプの **LF356** と μ **PC811**

容量負荷に強いということをデータ・シートに記載した最初の OP アンプは **LF356** です．従来の OP アンプが発振する原因は，周波数特性の悪い PNP トランジスタにありました．そこで **LF356** では**図 1-10** に示すように，出力回路を工夫して PNP トランジスタを使わないようにしました．P チャネル FET と NPN トランジスタの構成にしたのです．この結果，容量負荷へのドライブ能力が増加し，10000 pF の容量に対しても平気なようになっています．

図 1-11 に LF356 の周波数特性を示します．OP アンプが安定かどうかの判定は，周波数特性における**位相余裕**の度合いでわかります．無負荷での位相余裕は約 60 °，1000 pF 負荷では約 30 °となっています．10000 pF 負荷では約 8 °と小さくなっていますがゼロで

〈図 1-10〉LF356 の出力部
　…負荷容量に強くした

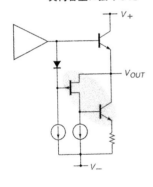

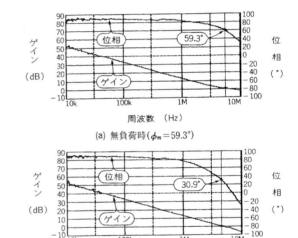

(a) 無負荷時(ϕ_m=59.3°)

(b) 1000pF負荷時(ϕ_m=30.9°)

〈図 1-11〉
LF356 の容量負荷と周波数特性▶
[(注) 0.01 μF = 10000 pF]

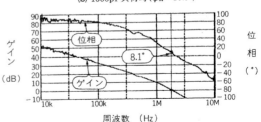

(c) 0.01 μF負荷時(ϕ_m=8.1°)

はありません．あとで簡単な位相補償を施せば使用することができます．位相補償と発振の関係については第7章で詳しく述べます．

ただ，LF356 は1回路入りタイプしかありません．μPC811 には μPC812 という2回路タイプが用意されています．

▶ バイポーラ入力タイプの MC34071

LF356 は FET 入力でしたが，バイポーラ入力で容量負荷に強い汎用 OP アンプには MC34071 があります．図 1-12 に実際の周波数特性を示します．無負荷での位相余裕は約44°，1000 pF 負荷では約16°，10000 pF 負荷では約10°です．

MC34071 は1回路入りですが，2回路入りは MC34072，4回路入りは MC34074 が用意されています．これも覚えておくと便利な OP アンプの一つです．

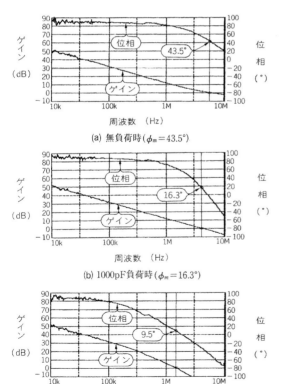

(a) 無負荷時($\phi_m = 43.5°$)

(b) 1000pF負荷時($\phi_m = 16.3°$)

(c) 0.01 μF負荷時($\phi_m = 9.5°$)

〈図 1-12〉
◀ MC34071 の容量負荷と周波数特性

8 / 数十mA以上を取り出せる出力電流の大きなOPアンプ

アナログ回路を設計していると,「このOPアンプの出力電流がもう少しあったら…」と思うことがよくあります.たとえば,ひずみセンサなどとして使われるストレイン・ゲージ用電源では数十mAの電流が必要ですが,汎用OPアンプの出力電流最大値は通常は10～20mAです.そのままOPアンプの出力をセンサにつなぐことはできません.**図1-13**に示すようにトランジスタのバッファを追加するか,**図1-14**のようにOPアンプを複数個使って出力電流を増やす必要があります.この回路ではOPアンプを2個使えば出力電流は2倍になります.ただし,消費電力も2倍になるので放熱には注意してください.

高速OPアンプでは出力電流が50mAを超えるのも珍しくはありませんが,汎用OPアンプに比べると高価なのでおいそれとは使用できません.そんなとき,汎用OPアンプの中に出力電流の大きなものがあることを知り,カタログからピックアップしたのが**表**

〈図1-13〉トランジスタ・バッファを追加して出力電流を増やす

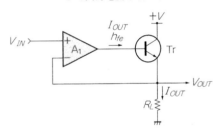

〈図1-14〉OPアンプを並列して出力電流を増やす方法

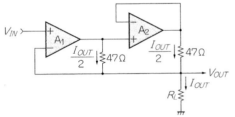

〈表1-11〉高出力電流の汎用OPアンプ

型　名	回路数	入力オフセット電圧(mV)		ドリフト(μV/℃)		入力バイアス電流(A)		GB積(MHz)	スルーレート(V/μs)	動作電圧(V)	動作電流(mA)	メーカ	出力電流(mA)
		typ	max	typ	max	typ	max	typ	typ				
AD8532	2		25	20		5p	50p	3	5	2.7-6	1.4	AD	250
NJM4556A	2	0.5	6			50n	500n	8	3	±2-18	9	NJ	70
MC33202	2		8	2		80n	200n	2.2	1	1.8-12	1.8	MT	80
M5216	2	0.5	6			180n	500n	10	3	±2-16	4.5	ME	100
AN6568	2	2	5			100n	500n	1.3	1	3.0-15	5	MS	70

1-11 です.

AD8532 などは CMOS の OP アンプながら 250 mA も出力電流が流せます. しかも2回路入りです. OP アンプにこんなに大きな電流を流したことはありませんが, 用途によっては放熱器が必要になります. **写真 1-2** に DIP 型 OP アンプに取り付けられる**放熱器**の一例を示します. この放熱器を使えば, 約 500 mW くらいまでの電力消費はカバーできます.

〈写真 1-2〉
DIP 型 OP アンプに取り付けられる
放熱フィン
(左側が OP アンプに取りつけたところ.
水谷電機工業㈱ SP821K)

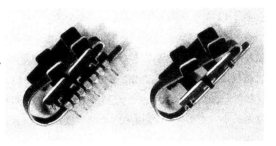

9 / 過大入力が入る可能性があるときは入力保護回路が必要

一般に OP アンプの入力部がプリント基板から外部に出るときは, OP アンプ入力の保護回路が必要になります. 通常は**図 1-15** に示すように, 抵抗 R_1 とダイオード D_1, D_2 による保護回路が使用されます.

たとえば R_1 を 100 kΩ にすると, 100 V の過大入力時でも入力電流の最大値を 1 mA に制限してくれます. そのため, R_1 の値はできるだけ大きいのが望ましいのですが, オフセット電圧やノイズの増加, 入力容量による周波数特性の悪化などの問題が生じてしまいます.

図 1-16 は抵抗を使わない保護回路です. **定電流ダイオード** CD_1, CD_2 を2個使うと, この場合 ± 100 V までの過大電圧に耐えられます.

図 1-17 に定電流ダイオードの電圧-電流特性を示します. 定電流ダイオードは低電圧印加時(肩電圧 V_k 以下)は単なる抵抗として動作します. ここで使っている E102(I_P = 1 mA) の場合では, **図 1-17** より, V_k = 1.7 V(I_P = 1 mA の 80 %)までは 1.7 V/(1 mA × 0.8) = 2.2 kΩ の内部抵抗をもっています. 過電圧が V_k 以上になると, 定電流ダイオードは抵抗モードから定電流モードになります. このときは 1 mA に電流が固定されるので, 内部抵抗

〈図1-15〉一般的な OP アンプ入力保護回路　　〈図1-16〉定電流ダイオードによる入力保護

は**表1-12**より 650 kΩ と非常に高くなります.

　もちろん定電流ダイオードの電流値を大きくすると内部抵抗が小さくなるので，入力抵抗を小さくすることができます. ここがこの回路の大きな特徴です. たとえば E102 の内部抵抗は約 2.2 kΩ でしたが，E103(I_P = 10 mA)では V_k = 3.5 V ですから，3.5 V/(10 mA ×0.8) = 440 Ω 程度です. ただし，今度は定電流ダイオードの消費電力が大きくなってしまうので，あまり大きな過電圧保護には向きません. また定電流ダイオードの耐圧が100 V なので，これ以上の過大電圧には使用できません.

　写真1-3に ±80 V を入力したときの@点での波形を示します. 見やすいように@点の波形は反転しています. 電源電圧が ±15 V なので，ダイオードの順方向電圧 0.7 V 分だけ

〈図1-17〉
定電流ダイオードの電圧-電流特性
（石塚電子）

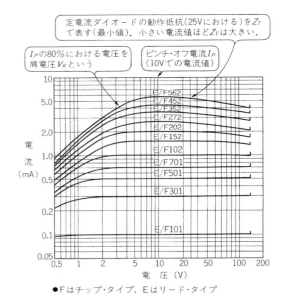

●Fはチップ・タイプ，Eはリード・タイプ

大きな値で入力電圧が制限されているのがわかります.

　図1-18は高耐圧の MOS　FET を使った保護回路です. ここでは FET に LND150N3 ($500\,\text{V}/I_{DSS}$ = 1 ～ 10 mA, スーパーテックス社)を使用しています. この回路では FET の I_{DSS} によって入力電流値が制限されますが, 制限電流値を変えたいときは**図1-19**のようにします. 二つの FET の特性がそろっていれば, 入力電流 I_{IN} が VR_1 で生ずる電圧降下 V_{GS} と, この V_{GS} によって FET に流れるドレイン電流 I_D が等しくなったところで, 回路は平衡します. このとき $I_{IN} = I_D$ です. I_D の値は VR_1 の値を大きくすると, 0 ～ I_{DSS} まで設定できます.

　この FET は**デプレッション型**(V_{GS} = 0 V でも電流が流れる素子)なので, 高耐圧の JFET があればこれと同等な保護回路ができあがります.

◀〈表1-12〉
定電流ダイオードの特性

型名	I_P (mA)	V_K (V)	Z_T(MΩ)	温度係数(%/℃)
E101	0.05 ～ 0.21	0.5	6.0	+ 2.1 ～ + 0.1
E301	0.2 ～ 0.42	0.8	4.0	+ 0.4 ～ − 0.2
E501	0.4 ～ 0.63	1.1	2.0	+ 0.15 ～ − 0.25
E701	0.6 ～ 0.92	1.4	1.0	0 ～ − 0.32
E102	0.88 ～ 1.32	1.7	0.65	− 0.1 ～ − 0.37
E152	1.28 ～ 1.72	2.0	0.4	− 0.13 ～ − 0.4
E202	1.68 ～ 2.32	2.3	0.25	− 0.15 ～ − 0.42
E272	2.28 ～ 3.10	2.7	0.15	− 0.18 ～ − 0.45
E352	3.0 ～ 4.1	3.2	0.1	− 0.2 ～ − 0.47
E452	3.9 ～ 5.1	3.7	0.07	− 0.22 ～ − 0.5
E562	5.0 ～ 6.5	4.5	0.04	− 0.25 ～ − 0.53
E822	6.56 ～ 9.84	3.1	0.32	
E103	8.0 ～ 12.0	3.5	0.17	− 0.25 ～ − 0.45
E123	9.6 ～ 14.4	3.8	0.08	
E153	12.0 ～ 18.0	4.3	0.03	

(a) 電気的特性

最高使用電圧	定格電力	逆方向電流
100 V	400 mW	50 mA

(b) 最大定格

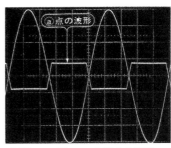

〈写真1-3〉図1-16 のⓐ点の波形
(20 V/div, 20 ms/div)

〈図1-18〉MOS FET を使った入力保護

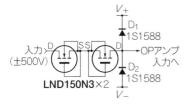

〈図1-19〉制限電流値を変えたいとき

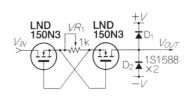

10 / OP アンプ出力を外部へ引っ張るときの保護回路

OP アンプの出力を外部に引っ張るときは，通常は出力保護回路をつけます．出力保護の目的は，

① 出力ショートに対する保護（過電流対策）

② 過大電圧からの保護（他系統への接触）

③ 容量負荷による発振対策

などですが，①は通常の OP アンプ自身に過電流保護機能がついているので，ここでは②と③について紹介します．

図 1-20 に一般的な出力保護回路の例を紹介します．抵抗 R_3 とダイオード D_1，D_2 はノイズのような過大電圧からの保護回路です．R_3 の値を大きくするほど耐過大電圧値は大きくなりますが，出力電流が大きい（負荷抵抗が小さい）ときには電圧降下が大きくなってしまいます．必要な出力電圧が得られなくなってしまうと困るので，通常は 330 Ω 程度にしておきます．ダイオードは 1S1588 で十分です．出力短絡に対しては OP アンプに内蔵されている短絡保護機能を利用します．

R_3 とコンデンサ C_1 は容量負荷接続時の発振止め対策に入れています．負荷容量 C_L が接続されると，周波数特性（f_P）にポールができて回路は発振しやすくなります．

$$f_P = \frac{1}{2\pi \cdot C_L (r_0 + R_3)} \fallingdotseq \frac{1}{2\pi \cdot C_L \cdot R_3} \quad\cdots\cdots(1)$$

ただし，r_0 は OP アンプの出力抵抗

これをコンデンサ C_1 で位相補償を行います．概略ですが，$C_L \cdot R_3 < C_1 \cdot R_2$ に選んでおけば大丈夫でしょう．

〈図 1-20〉 OP アンプの出力保護回路

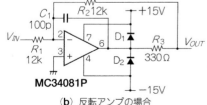

（a）非反転アンプの場合 （b）反転アンプの場合

第2章
単電源/ロー・パワー OP アンプ
実践ノウハウ

11 / OP アンプを単電源で使うには

　バッテリ動作やディジタル回路の電源+5Vでの動作を考えると，OPアンプにも単電源動作のものが必要です．しかし，OPアンプの多くは±12Vあるいは±15V電源での動作を前提に作られていました．OPアンプを単電源で動作させるときの条件は**図2-1**に示すように，

① 0V入力ができること
② 0V出力ができること

です．

　通常のアナログ回路では**グラウンド**(すなわち0V電位)が基準(**シグナル・コモン**という)となっているため，入力電圧が0Vのときの出力電圧を0Vにするためには，①と②の項目が必要になってきます．

〈図2-1〉
単電源動作の OP アンプ

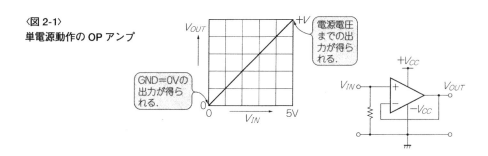

表2-1 と表2-2 に主な単電源 OP アンプの仕様を示します. 従来の単電源 OP アンプは ロー・コストという点ではありがたいのですが, DC 特性や AC 特性についてはあまり良 くありませんでした.

しかし最近の単電源 OP アンプは DC 特性, AC 特性とも改善され, それぞれ高精度タ イプまたは高速タイプなども市販されています.

また安定性も改善され発振しにくいので, より使いやすくなっています. これに使いや すさを考慮すると,

③ 入力電圧範囲が広いこと(**レール to レール入力**)

④ 出力電圧範囲が広いこと(**レール to レール出力**)

などがあるとさらに便利です.

レール to レールとは…**図2-2** を参照するとわかると思います.

〈表2-1〉従来の単電源 OP アンプの例

型　名	回路数	入力オフセット電圧(mV)		ドリフト(μV/℃)		入力バイアス電流(A)		GB積(MHz)	スルーレート(V/μs)	動作電圧	動作電流	メーカ	特徴	入力雑音電圧(nV/√Hz)@1kHz
		typ	max	typ	max	typ	max	typ	typ	(V)	(mA)			
LM358	2	2	7	7		45n		1		3.0-30	0.4	NS		
TL27M2	2	1.1	10	1.7		0.6p		0.5	0.4	3.0-16	0.4	TI		32
LMC662C	2	1	6	1.3		0.04p		1.4	1.1	5.0-15	1.5	NS	RO	22
ICL7612D	1		15	25		1p		0.48	0.16	2.0-16	0.1	HA	RIO	100
μPC842	2	1	5			140n		3.5	7	3.0-32	3.3	NE		
CA3160	1	6	15	8		5p		4	10	5.0-16	0.5	HA	RO	72

特徴: RO = レール to レール出力, RIO = レール to レール入出力

〈図2-2〉
レール to レ
ール動作とは

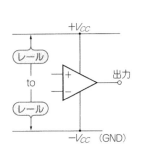
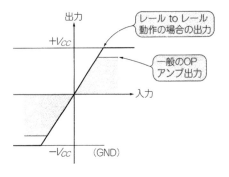

〈表 2-2〉最近の単電源 OP アンプの例

型　名	回路数	入力オフセット電圧(mV)		ドリフト(μV/℃)		入力バイアス電流(A)		GB積(MHz)	スルーレート(V/μs)	動作電圧	動作電流	メーカ	特徴	入力雑音電圧(nV/√Hz)
		typ	max	typ	max	typ	max	typ	typ	(V)	(mA)			@1 kHz
OP292G	2	0.1	0.8	2	10		0.7	4	3	4.5-33	1.6	AD		15
OP262G	2	0.025	0.325	1		260n	500n	15	13	2.7-12	1	AD	RO	9.5
AD8052A	2	1.7	10	10		1.4μ	2.5μ	110	145	3.0-12	8.8	AD		16*
OPA2237	2	0.25	0.75	2	5	10n	40n	1.4	0.5	2.7-36	0.34	BB		28
MAX474	2	0.7	2			80n	150n	12	17	2.7-6	4	MA	RO	40*
MAX492	2	0.2	0.5	2		25n	60n	0.5	0.2	2.7-6	0.3	MA	RO	25
MAX478C	2	0.04	0.14	0.6	3	3n		0.05	0.025	2.2-36	0.013	MA		49
LT1211C	2	0.1	0.275	1	3	60n	125n	13	4	3.3-36	3	LT		12
LT1366C	2	0.15	0.475	2	6	10n	35n	0.4	0.13	1.8-36	0.75	LT	RO	29
LMC6574B	2	0.5	7	1.5		0.02p	10p	0.22	0.09	2.7-12	0.08	NS	RO	45
LMC6482	2	0.11	3	1		0.02p	10p	1.5	1.3	3-15.5	1	NS	RO	37

特徴：RO ＝ レール to レール出力　　　　　　　　　　*は @10 kHz の値

12 / 汎用 OP アンプは単電源で使えないのか

では汎用 OP アンプを単電源で使ったらどうなるのでしょうか？

図 2-3 は汎用 OP アンプを ＋5 V 電源で動作させたときの回路です．この回路の入力に電源電圧いっぱいの $V_{IN}=0\sim+5\,$V を入力してみました．汎用 OP アンプ **AD711** を使ったときの入出力波形です．理想的には V_{IN} が $0\sim5\,$V の間では出力電圧 V_{OUT} も $0\sim5$V になって欲しいのですが，図(**b**)を見ると $V_{IN}=1.5\sim4.2\,$V の範囲で，やっとバッファ回路としての役目を果たしている程度です．しかも V_{IN} が $1.5\,$V 以下では出力電圧 V_{OUT} はレベルが跳躍して，＋側に飽和してしまいました．これを**出力の跳躍現象**と呼んでいますが，

〈図 2-3〉
汎用 OP アンプ
を ＋5 V 単電源
で使用した

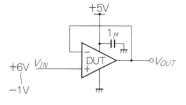

（**a**）入力電圧範囲の実験回路

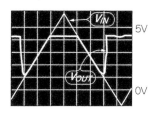

（**b**）AD711の入出力特性

これがあると入出力の**単調性**がなくなるので,用途によっては問題になることがあります.

このように汎用 OP アンプ(この場合は **AD711**)では,

① 0V を入力できない

② 0V を出力できない(1.5 V 以下では出力レベルが不定)

ため,単電源動作させることはできません.そのため,とくに単電源で使用することを前提に設計したものを単電源 OP アンプと呼んでいるのです.もちろん,汎用 OP アンプの多くに出力の跳躍現象があるわけではありません.

汎用 OP アンプでも上手に使えば…というより,上記の①,②に引っかからないような使い方をすれば,単電源で動作させることができます.

汎用 OP アンプを単電源で使う代表例に,**図 2-4** に示すような**オーディオ・アンプ**があります.汎用 OP アンプを V_{CC} = +12 V, V_{EE} = 0 V で使うことは可能です.しかし,0 V 入力/0 V 出力ができませんから,**図 2-4** では +IN 入力に $V_{CC}/2$ = 6 V のバイアスをかけてあります.こうすると OP アンプは,自分は ±6 V 電源で動作している気持ちになって働きます.

オーディオ・アンプですから入出力信号はコンデンサで結合します.0 V 中心の信号 V_{IN} も $V_{CC}/2$ のバイアスが加わった形で OP アンプに加えられることになり,単電源動作のオーディオ・アンプが実現できます.

汎用 OP アンプを単電源で使うにはそれなりの工夫が必要です.後述するように,差動アンプとうまく組み合わせると,DC 回路の扱いも不可能ではありません.

〈図 2-4〉
汎用 OP アンプを単電源で使う AC (オーディオ)アンプ

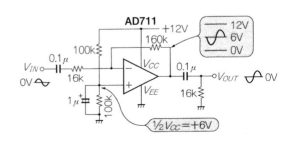

13 / 汎用 OP アンプと単電源 OP アンプの回路構成の違い

　以前は単電源 OP アンプというと **LM324** タイプ(4 回路入り，2 回路入りは **LM358**)が代表的でした．**LM324** は非常にポピュラな OP アンプで，いくつかの欠点もありますが，安価なので今でも多く使用されています．この OP アンプは，

① 0 V が入力できる(入力電圧範囲が $0 \sim V_{CC} - 1.5\,V$)

② 0 V が出力できる(出力電圧範囲が $0 \sim V_{CC} - 1.5\,V$)

と，単電源動作に必要な 0 V 入力，0 V 出力の条件が揃っています．**表 2-3** に **LM324** の仕様を示します．

　では **LM324** はどんな回路でこれらの特性を実現しているのでしょうか？

　図 2-5 に **LM324** の等価回路を示します．図(**a**)の入力回路部を見ると，入力段は PNP トランジスタによる差動アンプ回路になっています．2 電源 OP アンプの場合の入力差動段は NPN トランジスタが普通ですが，これでは(単電源だと)0 V 入力時に NPN トランジスタがカットオフして使用できません．そのため **LM324** では PNP トランジスタが使わ

〈表 2-3〉 LM324 の仕様

型　名	回路数	入力オフセット電圧(mV)		ドリフト($\mu V/℃$)		入力バイアス電流(A)		GB 積(MHz)	スルーレート($V/\mu s$)	動作電圧	動作電流	メーカ
		typ	max	typ	max	typ	max	typ	typ	(V)	(mA)	
LM324	4	2	7	7		45n		1		3.0-30	0.8	NS

〈図 2-5〉
LM324 の入出力部等価回路

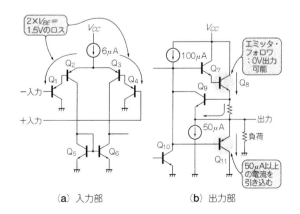

（a）入力部　　　　（b）出力部

れているのです.

しかし逆に,入力電圧が＋電源電圧に近くになると,今度は PNP トランジスタがカットオフするので,**LM324** では $V_{CC} - 1.5\,V$ までの入力電圧でしか動作できません.

図(**b**)は **LM324** の出力回路部です.一般的なコンプリメンタリ・エミッタ・フォロワのように見えますが,トランジスタ Q_7, Q_8 と Q_{11} のベースが直結しています.負荷がグラウンドにつながっているとき出力電圧が下がってくるとトランジスタ Q_{11} は OFF し,出力部は Q_8 によるエミッタ・フォロワとなります.そのため 0 V 出力も可能となって,ソース(吐き出し)電流も大きくとることができます.

Q_{11} はシンク(吸い込み)電流のときだけ動作しますが,$50\,\mu A$ までは定電流源を通って流れます.そのため Q_{11} が動作するポイントで**クロスオーバひずみ**を発生します.また,Q_7 と Q_8 のベース-エミッタ間電圧が電圧ロスになるので,**LM324** の出力電圧範囲は $0 \sim V_{CC} - 1.5\,V$ になります.

14／レール to レール入出力 OP アンプの回路構成はどうなっているか

LM324 の入出力電圧範囲は,電源電圧よりも 1.5 V ほど狭くなりました.ところが最近の単電源 OP アンプではレール to レール入出力動作の OP アンプが増えています.レール to レール動作とは**図 2-2** にも示したように電源電圧いっぱいまで動作できるという

〈図 2-6〉OP279 の入出力部等価回路

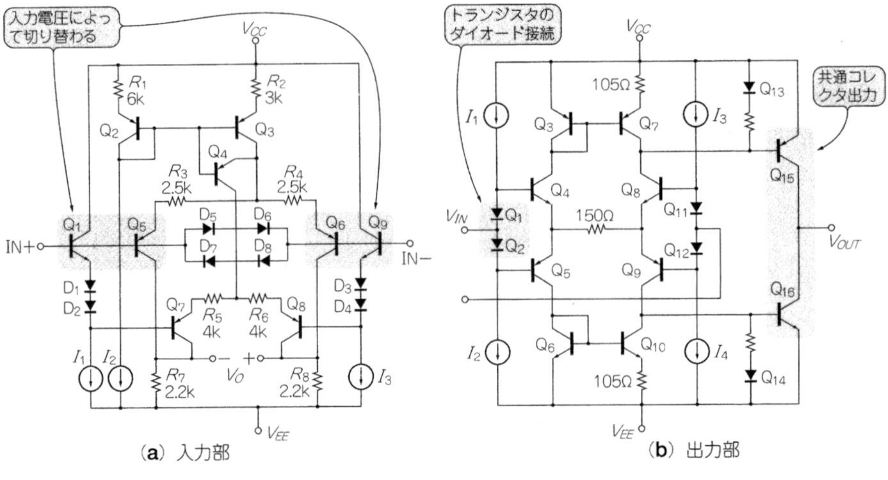

(a) 入力部　　　　(b) 出力部

ことです. なぜこのような動作ができるのでしょうか？

　図 2-6 に代表的なレール to レール OP アンプ　OP279 の等価回路を示します. 図(a)が入力回路部ですが, 図のように入力は PNP トランジスタ Q_5 と Q_6, NPN トランジスタ Q_1 と Q_9 の二組の差動アンプ構成になっています. この二組のトランジスタ・ペアが入力電圧レベルによって切り替わり, 電源電圧いっぱいの入力電圧に対応しています(すなわちレール to レール入力動作).

　このような特殊な回路構成のため, 入力バイアス電流およびオフセット電圧は動作の切り替わり前後で方向あるいは値が違ってきます. 通常はこれらの影響がないように定数を設定し, かつ OP アンプを選択するので, 問題になることはありませんが….

　図(b)に OP279 の出力部を示します. 出力部も LM324 と違って, Q_{15} と Q_{16} による共通コレクタ出力になっています. そのため, それぞれのトランジスタが飽和する電源電圧の 50mV 近くまで電圧出力が可能です(すなわち, ほぼレール to レール出力). ただしコレクタ出力のため, この出力部でゲインをもちます.

　このような構成のため, OP アンプの開ループ・ゲインは負荷抵抗の値で異なりますが, 実際は負帰還をかけて使用するので問題ありません. 問題が生じるとしたら回路の安定性のほうですが, これは位相補償によって解決しています.

---

15 / 出力レベルの跳躍がないことを保証した単電源 OP アンプ

　各種ある単電源 OP アンプですが, 中には入力電圧が入力許容範囲を超えると出力電圧が急変するものがあります. これは出力の位相反転現象とか跳躍現象などと呼ばれています. 出力電圧の跳躍現象が起きると単調性が崩れてしまうため, 好ましくありません. 応用によってはこれが致命傷になる場合もあります.

〈表 2-4〉
主な OP アンプの入出力電圧範囲(アナログ・デバイセズ社の場合)

（ $+V=5V$, $-V=0V$ ）

型名	入力電圧範囲 (V)	出力電圧範囲 (V)	位相反転の有・無
AD820A	$-0.2 \sim 4$	レール to レール	なし
OP113	$0 \sim 4$	$0 \sim 4$	なし
OP183	$0 \sim 3.5$	$0 \sim 4.2$	なし
OP191	レール to レール	レール to レール	なし
OP193	$0 \sim 4$	$0 \sim 4.4$	なし
OP279	レール to レール	レール to レール	なし
OP284	レール to レール	レール to レール	なし

　表2-4に示すOPアンプは，動作電源電圧範囲内の入力電圧に対して跳躍現象が起きな
いことを保証しています．たとえばAD820Aの入力電圧範囲は−0.2〜4V（＋5V動作の
とき）ですが，たとえ5Vを入力しても，これは電源電圧範囲内なので位相反転は起きま
せん．もちろん電源電圧を超えるような過大入力電圧までは保証の限りではないので，過
大入力に対しては図2-7のような保護回路で対策してください．

　通常のOPアンプは数mA程度の入力電流には耐えられるので，図(a)のように過大入
力電圧の大きさによってR_Pの値を選びます．R_Pの値が大きいほど保護回路としての効果
も大きいのですが，同時にオフセット電圧や抵抗によるノイズ発生，周波数特性の悪化の
原因になってしまうので，応用によって抵抗値を決めるようにします．

　図(b)は抵抗の他にダイオードも付けています．こうすればOPアンプへの過大入力電
圧はダイオードの順方向電圧0.7Vに抑えられるので安心です．通常はこの方法が一般的
です．

〈図2-7〉
OPアンプの入力保護

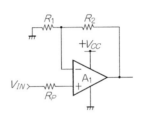 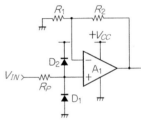

（**a**）抵抗による保護　　　（**b**）抵抗とダイオードによる保護

16 ╱ 単電源動作では完全 0V 出力にならない… レベル・シフトを使うのが利口

　単電源OPアンプは確かに0V出力が可能です．しかし，厳密に言うと0V付近までの
出力が可能というだけで，完全に出力を0mVにできるわけではありません．

　表2-5に単電源OPアンプの0V出力電圧の例を示します．表を見る限り0V出力電圧
は数mV〜数十mVあります（もちろん0mVが理想）．ということは，出力有効電圧範囲
を0mVまで見ている回路では，出力電圧が10mV以下のときリニアリティが確実に悪
化するということです．

　図2-8に単電源OPアンプを実験した結果を示します．**LMC662**では入力電圧が5mV
以下，**LM358**では2〜3mV以下から出力が飽和しています．参考のために，レール to

レール出力を謳っている**OP295**の場合を**図2-9**に示します(0V付近のリニアリティを測定)．入力電圧が0.6 mVまでリニアリティの悪化は見られません．これは**OP295**がほとんど0Vを出力できることを意味しています．

このように，精度が要求される応用では0V出力の保証された単電源OPアンプが必要になりますが，精度が要求されない応用では従来の単電源OPアンプで十分です．

なお単電源動作において，0V出力云々の話をすることは本質的に厳しいものがあります．そのようなときは**図2-10**に示すように出力電圧範囲をずらす…レベル・シフトするという手があります．たとえば0〜2.5V出力ではなく，1〜3.5V出力のように(この方法は良い方法です)．

このレベル合わせのためのインターフェース回路は，単電源動作のときは**図2-11**のように，差動アンプを利用するのがわかりやすくてよいでしょう．図では0 ± 2Vの入力電

〈表2-5〉
単電源OPアンプの0V出力電圧

型　名	0V出力電圧 (mV)		負荷抵抗 (Ω)	備　考
LM358	5	20	10 k	R_Lは0Vに接続
LMC662	100 300	190 630	2 k 600	R_LはV_s/2に接続
TLC27L2		50	NC	
OP295	0.7 0.7	2 2	100 k 10 k	R_Lは0Vに接続

▨は最大値

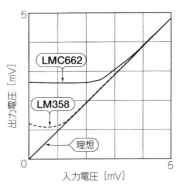

〈図2-8〉LM358とLMC662の0V
出力電圧特性

〈図2-9〉OP295の入出力特性
(FS = 2.5 Vに対して)

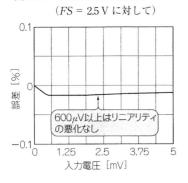

600μV以上はリニアリティ
の悪化なし

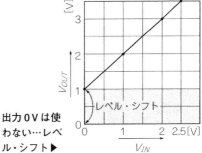

〈図2-10〉出力0Vは使
わない…レベ
ル・シフト▶

〈図 2-11〉レベル・シフト回路

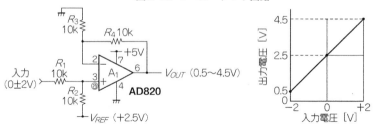

圧を 2.5 V シフトして，2.5 V ± 2 V(0.5 ～ 4.5 V)に変換する回路になっています．

差動アンプには単電源 OP アンプならなんでもよいのですが，ここでは **AD820** を使用しています．V_{REF} = 2.5 V がシフト電圧で，この回路のゲタ(バイアス)分になっています．V_{IN} = 0 V のときはⓐ点電圧が $V_{REF}/2$ = 1.25 V なので，出力は V_{OUT} = 2×1.25 V = 2.5V になります．

V_{IN} = −2 V のときはⓐ点電圧が(2.5 V + 2 V)/2 − 2 V = 0.25 V なので，V_{OUT} = 0.5 V になります．ⓐ点が 0.25 V というのは汎用 OP アンプでは許容範囲外ですが，単電源 OP アンプでは十分許容範囲内です．

V_{IN} = 2 V のときはⓐ点電圧が(2.5 V − 2 V)/2 + 2 V = 2.25 V なので，V_{OUT} = 4.5 V になります．このようにして，V_{IN} = 0 ± 2 V が V_{OUT} = 2.5 V ± 2 V に変換されるのです．

17 CMOS による単電源 OP アンプは容量負荷に弱い

これまで紹介した単電源 OP アンプは，いわゆるバイポーラ構造(内部がトランジスタ回路)のものでしたが，最近は CMOS 構成による OP アンプも出現しています．ロー・パワーであると同時に単電源(レール to レール)でも使用できるという特徴をもっています．

しかしながら，CMOS 構成の OP アンプは発振しやすいものがあるので，回路設計時には注意が必要です．とくに容量負荷に弱い OP アンプが多く，**図 2-12** に実験結果を示すので参考にしてください．

以下に代表的な例を示します．

▶ **CA3160**(CMOS)

この OP アンプは出力電圧が電源電圧いっぱいに振れるレール to レール出力タイプです．ただし +5 V で動作させると発振してしまうので，+5 V 電源ではバッファとして使用できません．

▶ TLC27M2

この OP アンプは負荷容量 C_L を 100 pF つないだときの位相余裕が 35.3°あったので，100 pF までは問題なく使用できそうです．ただし，C_L = 470 pF では発振してしまいました．

▶ ICL7612

この OP アンプはレール to レール入出力の OP アンプで，発売当時としてはめずらしいタイプでした．C_L = 200 pF のときの位相余裕が 28°あったので 200 pF までは使用できそうです．C_L = 470 pF では発振してしまいました．

▶ LMC662

この OP アンプは C_L = 47 pF での位相余裕が 20.6°だったので，47 pF までは使用できます．ただこの値ではオシロスコープのプローブをつないだだけでも発振する危険性があります．

▶ LM358

上記の単電源 OP アンプはすべて CMOS OP アンプですが，これはバイポーラ・タイプです．CL = 470 pF での位相余裕が 24.5°なので，容量負荷にけっこう強い OP アンプです．

〈図 2-12〉単電源 OP アンプの安定性実験回路

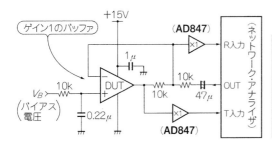

型　名	位相余裕 (C_L=0)	位相余裕 (C_L接続時)
LM358	48.7°	24.5°(C_L=470pF)
CA3160	発振	発振
TL27M2	46.2°	35.3°(C_L=100pF)
ICL7612	49.3°	28.0°(C_L=200pF)
LMC662	44.9°	20.6°(C_L=47pF)

18 ／ロー・パワー化のために動作電流を設定できるようにした OP アンプ

ロー・パワー OP アンプは電源電流をきわめて小さくした OP アンプで，**バッテリ動作**では欠かせない OP アンプです．汎用 OP アンプの場合は通常数 mA の電源電流が必要ですが，ロー・パワー OP アンプの場合は μA オーダで動作します．ただし，そのぶん周波

数特性はあまり良くありません.

　従来の代表的なロー・パワー OP アンプといったら，**表2-6** に示す **LM4250**(オリジナルはソリトロン社)や **μPC253** などがあります．電気的な性能は汎用 OP アンプと変わりありませんが，これを 1 μA 以下の電源電流で実現しているのですから驚きです．

　LM4250 や **μPC253** は**図2-13** のように，電源電流を抵抗 R_{SET} で設定するようになっています．この図は LM4250 の場合ですが，初段のトランジスタの動作電流を R_{SET} で設定します．そのときの電流値を I_{SET} とすると，I_{SET} は，

$$I_{SET} = V_+ - V_- - 0.5\,\mathrm{V}/R_{SET} \cdots\cdots\cdots\cdots\cdots(1)$$

で表されます．そのため OP アンプ全体の電源電流 I_Q は，設定電流のおよそ5倍程度になります．I_{SET} を大きくするほど周波数特性は良くなります．

　注意して欲しいのは，通常の OP アンプの入力バイアス電流は電源電圧によらずほぼ一定なのに対して，**LM4250** では**図2-14** に示すように I_{SET} に比例して大きくなることです．これはバイアス電流が初段トランジスタの動作電流の $1/h_{fe}$ であることから，うなずけることです．

〈表2-6〉 LM4250/μPC253 の仕様

型　名	回路数	入力オフセット電圧(mV)		ドリフト(μV/℃)		入力バイアス電流(A)		GB積(MHz)	スルーレート(V/μs)	動作電圧	動作電流	メーカ	特徴
		typ	max	typ	max	typ	max	typ	typ	(V)	(mA)		
LM4250	1		5				10n	0.05	0.02	±1-18	0.01	NS	IS
μPC253	1	1	20	3		20n	100n			±3-15	0.01	NE	IS

特徴：IS＝動作電流外部設定

〈図2-13〉
LM4250 の電源電流の設定方法

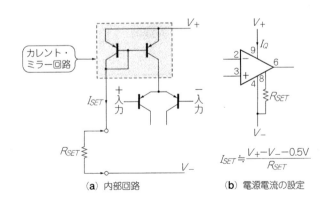

(a) 内部回路　　　(b) 電源電流の設定

$$I_{SET} \fallingdotseq \frac{V_+ - V_- - 0.5\,\mathrm{V}}{R_{SET}}$$

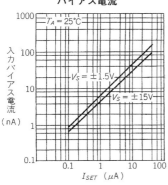

〈図 2-14〉LM4250 の I_{SET} と入力
バイアス電流

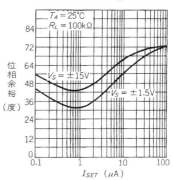

〈図 2-15〉LM4250 の I_{SET} と位相

　また，位相余裕も通常の OP アンプでは 45 ～ 60°はありますが，**LM4250** では**図 2-15**
のように I_{SET} によって変わってしまいます．トランジスタ・アンプの動作電流と周波数特
性の関係と相似しています．

　このような使いにくさはありますが，1 μA 以下の電源電流で動作する **LM4250** は貴重
な存在で，今でも現役で活躍しています．

19／動作電流を外部接続で設定できるようにした ロー・パワー OP アンプ

　LM4250 のあと CMOS 構成のロー・パワー OP アンプが多く登場してきました．**表 2-7**
に CMOS 構成のロー・パワー OP アンプの例を示します．

　ICL7612(オリジナルはインターシル社)は**図 2-16** に示すように動作電流を 3 段階に接

〈表 2-7〉CMOS 構成のロー・パワー OP アンプ

型　　名	回路数	入力オフセット電圧(mV)		ドリフト（μV/℃）		入力バイアス電流(A)		GB積(MHz)	スルーレート(V/μs)	動作電圧(V)	動作電流(mA)	メーカ	特徴
		typ	max	typ	max	typ	max	typ	typ	(V)	(mA)		
ICL7612D	1		15	25		1p		0.044	0.016	2.0-16	0.01	MA	IS
TLC271C	1	1.1	10	1.1		0.6p		0.085	0.03	3.0-16	0.01	TI	IS
LPC662I	2	1	6	1.3		0.04p		0.035	0.11	5.0-15	0.086	NS	RO
LMC6041I	1	1	6	1.3		0.002p		0.075	0.02	4.5-15.5	0.014	NS	

特徴：IS ＝動作電流外部設定，RO ＝レール to レール出力

〈図 2-16〉
ICL7612 の電源電流の設定方法

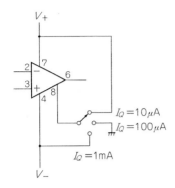

続法によって設定できます．そのため，8 ピンが動作電流設定用に用意されています．このピンを V_+ につなぐと電源電流は 10 μA，グラウンドにつなぐと 100 μA，V_- につなぐと 1 mA に設定できます．また CMOS 構成のため，入力バイアス電流が非常に小さいので，**LM4250** のように入力バイアス電流が電源電流によって異なるという欠点も気にならなくなりました．

　ただ**表 2-7** からわかるように，オフセット電圧やドリフトが MOS 入力のため悪くなっている点が気になるところですが，**ICL76＊＊** シリーズの中には 2 回路入りや 4 回路入り（電源電流は固定）のものや，少しずつ機能の違うものが用意されているので，用途に合わせて自由に選択がきく点が非常に便利です．

　また，**ICL7612** のもう一つの特徴に入力と出力がほぼレール to レールという点があります．バッテリ動作で電源電圧が低いときは有効な機能です．

　TLC271 は **ICL7612** と同じように，CMOS 構成で電源電流を 10 μA，100 μA，1 mA の 3 段階に設定することができます．**TLC271** ではオフセット電圧やドリフトなどの DC 特性が **ICL7612** に比べると改善されています．また，GB 積やスルーレートも同じ電源電流では約 2 倍になっています．ただし，そのぶん位相余裕が小さくなっているので発振には気をつけてください．

　LPC662 はその前に発売された **LMC662** のロー・パワー版です．**LMC662** では電源電流が 400 μA でしたが，**LPC662** では 86 μA（2 回路入りなので 1 回路だけではその 1/2）と小さくなっています．この OP アンプの特徴はなんといっても入力バイアス電流が小さいことでしょう．typ 値ながら 40 fA というのは CMOS OP アンプの中でもピカイチです．

　なお，**LMC662** では C バージョン（温度範囲が - 20 ～ + 80 ℃）もありましたが，LPC662 では I バージョン（- 40 ～ + 85 ℃）になりました．

20 / DC 特性を改善したロー・パワー OP アンプ

　LM4250 は DC 特性では汎用 OP アンプ並みだったのですが，その後ロー・パワーの高精度 OP アンプもたくさん市販されました．**表2-8** に高精度ロー・パワー OP アンプの主なものを紹介します．

　OP22 は **LM4250** とピン・コンパチブルのまま DC 特性を改善した OP アンプです．入力オフセット電圧は 200(500 max) μV，ドリフトは 1(2 max) μV/℃と小さくなっています．また**図2-17** に **OP22** の位相余裕を示しますが，**LM4250** に比べてかなり大きくなっているので安心して使用できます．

　LT1077，MAX478，MAX480 ではさらに DC 特性が改善されています．

　LP324 は単電源 OP アンプとしてポピュラな **LM324** のロー・パワー版です．入力オフセット電圧は 2(4 max) mV，ドリフトは 10 μV/℃と汎用 OP アンプ並みですが，電源電流が 85 μA(4 回路入りなので 1 回路ではこの 1/4)と小さくなっています．

〈表 2-8〉最近の高精度ロー・パワー OP アンプ(バイポーラ入力)

型　名	回路数	入力オフセット電圧(mV)		ドリフト(μV/℃)		入力バイアス電流(A)		GB積(MHz)	スルーレート(V/μs)	動作電圧	動作電流	メーカ	特徴	入力雑音電圧(nV/√Hz)@1kHz
		typ	max	typ	max	typ	max	typ	typ	(V)	(mA)			
OP22F	1	0.2	0.5	1	2	3n	7.5n	0.015	0.008	±1.5-15	0.001	AD	IS	
LT1077C	1	0.01	0.06	0.4		7n	11n	0.23	0.08	2.2-40	0.052	LT		27
MAX478C	2	0.04	0.14	0.6	3	3n	6n	0.05	0.025	2.2-36	0.013	MA		49
MAX480C	1	0.025	0.07	0.3	1.5	1n	3n	0.03	0.012	±0.8-18	0.015	MA		
LP324	4	2	4	10		2n	10n	0.1	0.05	3.0-32	0.085	NS		

特徴:IS ＝動作電流外部設定

〈図 2-17〉
OP22 の I_{SET} と位相余裕

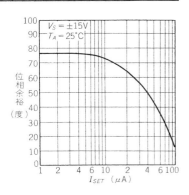

21 / 高速用途にも使えるようになったロー・パワー OP アンプ

最近では回路技術とプロセス技術の進歩のおかげで，従来では考えられなかったような小さな電源電流による高速 OP アンプが市販されるようになりました．**表2-9** に回路電流が 500 μA 以下の高速 OP アンプを示します．

MAX402 はユニティ・ゲインで使用できますが，わずか 50 μA の回路電流で 2 MHz の *GB* 積と 7 V/μs のスルーレートを達成しています．

MAX438 は位相補償を浅くして，より広帯域に使えるようになっています．そのためには 5 以上のゲインで使用しますが，*GB* 積が 6 MHz と大きくなっています．

MAX403 は回路電流を 250 μA に増やして，10 MHz の *GB* 積と 40 V/μs のスルーレートを実現しています．

MAX439 は位相補償を浅くして，*GB* 積を 25 MHz に延ばしています．

図2-18 は**表2-9** から，OP アンプの電源電流と *GB* 積をまとめたものです．参考のために汎用 OP アンプの **TL071** と **LF356** も載せていますが，その違いがわかると思います．

〈表2-9〉ロー・パワーの高速 OP アンプ

型 名	回路数	入力オフセット電圧(mV) typ	入力オフセット電圧(mV) max	ドリフト(μV/℃) typ	ドリフト(μV/℃) max	入力バイアス電流(A) typ	入力バイアス電流(A) max	GB積(MHz) typ	スルーレート(V/μs) typ	動作電圧(V)	動作電流(mA)	メーカ	特徴	入力雑音電圧(nV/√Hz)@1kHz
MAX402C	1	0.5	2	25		2n		2	7	±3-5	0.05	MA		26
MAX403C	1	0.5	2	25		10n		10	40	±3-5	0.25	MA		14
MAX438C	1	0.5	2	25		2n		6	7	±3-5	0.05	MA		26
MAX439C	1	0.5	2	25		5n		25	40	±3-5	0.25	MA		14
TLE2061C	1	0.8	3.1	6		3p		2.1	3.4	±3.5-20	0.28	TI	JF	40
TLE2161C	1	0.6	3	6		4p		6.5	10	±3.5-20	0.28	TI	JF	
MC33171	1	2	4.5	10		20n		1.8	2.1	±1.5-22	0.18	MT		32
MC34181	1	0.5	2	10		3p		4	10	±1.5-18	0.21	MT		38

特徴：JF = JFET 入力

〈図2-18〉
消費電流と *GB* 積

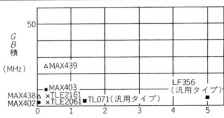

(mA)

第3章
高精度 OP アンプ回路
実践ノウハウ

22 / 低オフセット電圧 OPアンプのトリミング技術

　高精度 OP アンプは入力電圧が小さいときに使用されます．どのくらい小さいときかというと，信号レベルが mV(数 mV ～数十 mV)オーダのときです．そして，扱う信号の周波数が DC 信号のときです．このようなアンプを mV アンプと呼んでいます．

　オーディオ信号は mV オーダを扱うことも多くありますが，オーディオ信号の場合は交流信号なので DC 分はコンデンサでカットすることができます．ということは，オーディオ・アンプでは OP アンプのオフセット電圧については無視することができ，オーディオ帯域におけるノイズ成分にのみ注意すればよいことになります．これについては，ロー・ノイズ OP アンプの章で説明することにします．

　高精度 OP アンプで重要なのはオフセット電圧やドリフトなどの DC 特性です．この値が汎用 OP アンプに比べて小さいほど高精度 OP アンプとして価値があります．周波数特性はそれほど重要ではありません．たいていは DC ～ 10 Hz のように帯域制限して使うくらいですから．

　従来からの代表的な高精度 OP アンプというと，**表 3-1** に示す **OP07** です．

〈表 3-1〉 高精度 OP アンプ OP07 の特性

型　名	回路数	入力オフセット電圧(mV)		ドリフト(μV/℃)		入力バイアス電流(A)		開ループ・ゲイン(dB)		動作電圧(V)	動作電流(mA)	メーカ	0.1-10 Hz ノイズ(μV_{p-p})
		typ	max	typ	max	typ	max	typ	min				
OP07D	1	0.085	0.25	0.7	2.5	3n	14n	112	102	± 3-18	2.7	AD	0.38

〈図 3-1〉OP07 のオフセット電圧調整…ツェナ・ザップ・トリミング

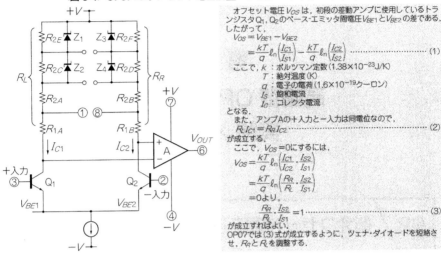

オフセット電圧 V_{OS} は，初段の差動アンプに使用しているトランジスタ Q_1, Q_2 のベース-エミッタ間電圧 V_{BE1} と V_{BE2} の差である．したがって，

$$V_{OS} = V_{BE1} - V_{BE2}$$
$$= \frac{kT}{q} \ell_n \left(\frac{I_{C1}}{I_{S1}} \right) - \frac{kT}{q} \ell_n \left(\frac{I_{C2}}{I_{S2}} \right) \quad \cdots\cdots\cdots (1)$$

ここで，k：ボルツマン定数（1.38×10^{-23} J/K）
T：絶対温度（K）
q：電子の電荷（1.6×10^{-19} クーロン）
I_S：飽和電流
I_C：コレクタ電流
となる．
また，アンプ A の＋入力と－入力は同電位なので，

$$R_L I_{C1} = R_R I_{C2} \quad \cdots\cdots\cdots (2)$$

が成立する．
ここで，$V_{OS} = 0$ にするには，

$$V_{OS} = \frac{kT}{q} \ell_n \left(\frac{I_{C1}}{I_{C2}} \cdot \frac{I_{S2}}{I_{S1}} \right)$$
$$= \frac{kT}{q} \ell_n \left(\frac{R_R}{R_L} \cdot \frac{I_{S2}}{I_{S1}} \right)$$
$$= 0$$

より，

$$\frac{R_R}{R_L} \cdot \frac{I_{S2}}{I_{S1}} = 1 \quad \cdots\cdots\cdots (3)$$

が成立すればよい．
OP07 では (3) 式が成立するように，ツェナ・ダイオードを短絡させ，R_R と R_L を調整する．

OP07 は図 3-1 に示す**ツェナ・ザップ・トリミング**という内部オフセット電圧調整技術によって，当時としては卓越した DC 特性をもっていました．そのため，高精度 OP アンプのスタンダードとして，ずっと計測分野で使用されてきました．

ただし，さすがに現在では設計が少し古いぶん，最近の高精度 OP アンプと比較すると性能的に見劣りしてしまいます．とくに，開ループ・ゲイン A_{OL} が 112 dB（102 dBmin）と小さいのが玉にきずです．mV アンプではゲイン G を大きく設定するために，開ループ・ゲインが小さいと図 3-2 に示すようにどうしてもループ・ゲイン（A_{OL}/G）が不足してしまい**非直線誤差**が生じてしまいます．

〈図 3-2〉
ゲイン G を大きくするには大きな開ループ・ゲインが必要

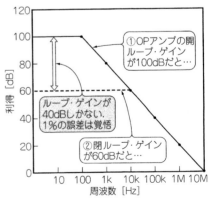

　OP07 は今では多くのセカンド・ソース品が作られ，驚くくらい値段も安くなっています．筆者が聞いた話では，汎用 OP アンプを使ってオフセット電圧をトリマ(可変抵抗器)で調整するよりは，OP07 を使ってトリマなしにするほうがコストがかからないそうです．トリマ 1 個より値段が安いということでしょう．

　もし，mV アンプなどの応用以外で OP アンプに専用のオフセット調整トリマをお使いでしたら，それを高精度 OP アンプに変更してオフセット調整無しにすることを考えてみたらどうでしょうか．

23／高精度 OP アンプはバイポーラ入力タイプが使いやすい

　表 3-2 に，最近の高精度 OP アンプの仕様を示します．高精度 OP アンプの種類としては，バイポーラ入力タイプ，チョッパ・タイプ，FET 入力タイプがあります．

　これらの中でもっとも使いやすい OP アンプはバイポーラ入力タイプで，もっとも良好な DC 特性が得られます．筆者が回路設計を行うときは，まずはこの OP アンプの中から

〈表 3-2〉 最近の高精度 OP アンプの例①

型名	回路数	入力オフセット電圧(mV)		ドリフト(μV/℃)		入力バイアス電流(A)		開ループ・ゲイン(dB)		動作電圧	動作電流	メーカ	0.1-10 Hz ノイズ
		typ	max	typ	max	typ	max	typ	min	(V)	(mA)		(μV$_{p-p}$)
AD707J	1	0.03	0.09	0.3	1	1n	2.5n	142	130	±3-18	2.5	AD	0.23
OP177G	1	0.02	0.06	0.7	1.2	1.2n	2.8n	136	126	±3-18	1.6	AD	0.15rms
AD705J	1	0.03	0.09	0.2	1.2	0.06n	0.15n	126	110	±2-18	0.38	AD	0.5
OP97F	1	0.03	0.075	0.3	2	0.03n	0.15n	120	106	±2-20	0.4	AD	0.5
LT1012D	1	0.012	0.06	0.3	1.7	0.08n	0.3n	126	106	±1.2-20	0.4	LT	0.5
LT1013D	2	0.06	0.3	0.4	2.5	15n	30n	137	122	±2-20	0.7	LT	0.55
LT1112C	2	0.025	0.075	0.2	0.75	0.08n		134	118	±1-20	0.7	LT	0.3

(a) バイポーラ入力

型名	回路数	入力オフセット電圧(mV)		ドリフト(μV/℃)		入力バイアス電流(A)		開ループ・ゲイン(dB)		動作電圧	動作電流	メーカ	0.1-10 Hz ノイズ
		typ	max	typ	max	typ	max	typ	min	(V)	(mA)		(μV$_{p-p}$)
TLC2654C	1	0.005	0.02	0.004	0.3	0.05n		155	135	±2.3-8	1.5	TI	1.5
TLC2652C	1	0.0006	0.003	0.003	0.03	0.004n		150	120	±1.9-8	1.5	TI	2.8
LTC1052C	1	0.0005	0.005	0.01	0.05	0.01n		160	120	4.75-16	3	LT	1.6
LTC1152C	1	0.005	0.01	0.01	0.05	0.05n		170	125	±2-8	1.8	LT	0.75

(b) CMOS チョッパ・タイプ

〈表 3-2〉 最近の高精度 OP アンプの例②

型　名	回路数	入力オフセット電圧(mV)		ドリフト(μV/℃)		入力バイアス電流(A)		開ループ・ゲイン(dB)		動作電圧	動作電流	メーカ	特徴	0.1-10 Hz ノイズ
		typ	max	typ	max	typ	max	typ	min	(V)	(mA)			(μV$_{\text{p-p}}$)
AD795J	1	0.1	0.5	3	10	1p		120	110	±4-18	1.3	AD		1
LT1113C	2	0.5	1.8	8	20	320p		133	120	±4.5-20	5.3	LT		2.4

(c) FET 入力

〈表 3-3〉
AD707 の上位バージョン仕様

型　名	入力オフセット電圧(μV)		ドリフト(μV/℃)		入力バイアス電流(nA)	
AD707K	10	25	0.1	0.3	0.5	1.5
AD707C	5	15	0.03	0.1	0.5	1

■ は最悪値

使えるものを探していきます. たとえば **AD707J** の特性を見ると,

・ オフセット電圧；30 (90 max) μ V

・ ドリフト；0.3 (1 max) μV/℃

・ 0.1 ～ 10 Hz ノイズ；0.23 (0.6 max) μ V$_{\text{P-P}}$

と, DC 特性については申し分ない値です. さらに高精度が必要なら, **表 3-3** に示すような上位バージョンの **AD707K** あるいは **AD707C** も用意されています. もちろん, そのぶん値段は高くなります.

また **OP07** のとき問題になった非直線誤差については, **AD707** の開ループ・ゲインが 142 (130 min) dB もあるため, ほとんどの用途では問題にならない値です.

バイポーラ入力 OP アンプの欠点といえば入力バイアス電流がやや大きいことです. **AD707J** では 1 (2.5 max) nA となっています. mV アンプではせっかくオフセット電圧の小さな高精度 OP アンプを使うのですから, 入力バイアス電流での誤差もできるだけ小さくしたいところです.

図 3-3 に, mV アンプの代表でもある**熱電対アンプ**の例を示しますが, このような微小信号回路では外来ノイズの影響を防ぐために入力フィルタ回路が欠かせません. 抵抗 R_1 とコンデンサ C_1 でローパス・フィルタを構成していますが, このとき R_1 と OP アンプの入力バイアス電流 I_B とでオフセット電圧が発生します.

AD707J の場合は**図 3-3** から, $R_1 = 10$ kΩ くらいであれば 10 μ V のオフセット付加ですからとりわけ問題のない値です. しかし, 用途によっては入力フィルタのカットオフ周波数を下げるために R_1 の値がもっと大きくなったり, センサ自体の抵抗が大きい場合があります.

　そのようなのときは入力バイアス電流の小さなOPアンプが必要です．たとえば**LT1012D**，**AD705**，**OP97** などを使うとよいでしょう．**LT1012D** の入力バイアス電流は**表3-2** より 0.08 nA ですから，R_1 が 100 kΩ になってもたかだか 8 μV 程度です．

　バイポーラ入力OPアンプでは対処できないような高い入力抵抗が必要なときは，FET入力OPアンプを使うことになります．たとえば**AD795J** では，

・ オフセット電圧；100 (500 max) μV

・ ドリフト；3 (10 max) μV/℃

・ 0.1 ～ 10 Hz ノイズ；1 (3.3 max) μV_{P-P}

と若干悪くなっていますが，反面，入力バイアス電流は 1 pA とずっと小さくなっています．

〈図 3-3〉
熱電対アンプでのOPアンプ入力バイアス電流によるオフセット電圧の発生

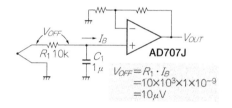

$$V_{OFF} = R_1 \cdot I_B$$
$$= 10 \times 10^3 \times 1 \times 10^{-9}$$
$$= 10 \mu V$$

---

24 / バイポーラ入力OPアンプの入力バイアス電流を小さくしている技術

　OPアンプの入力バイアス電流が小さいにこしたことはありませんが，バイポーラ入力OPアンプは JFET 入力や MOS FET 入力に比べて本質的にバイアス電流が大きくなってしまいます（入力段トランジスタのベース電流が流れるため）．

　しかし，さまざまな回路の工夫によって低バイアス電流化したものがあります．**表3-4** に入力バイアス電流を小さくした OP アンプの例を示します．それぞれ，特徴ある方法によって低バイアス電流化を実現しています．

▶ スーパβトランジスタを使用した**LM308A**

　LM308A は入力に**スーパβトランジスタ**という，h_{FE} が非常に大きなトランジスタを使用して低バイアス電流を実現しました．その効果があって，入力バイアス電流はなんと1.5 (7 max) nA まで小さくなりました．この値は最近の OP アンプと比べても遜色ありません．

　欠点は入力雑音電圧が 35 nV/√Hz と大きいことです．汎用 OP アンプとしてはよいか

〈表3-4〉低バイアス電流のバイポーラ入力高精度OPアンプ

型名	回路数	入力オフセット電圧(mV)		ドリフト(μV/℃)		入力バイアス電流(A)		開ループ・ゲイン(dB)		動作電圧(V)	動作電流(mA)	メーカ	入力雑音電圧(nV/√Hz)@1kHz
		typ	max	typ	max	typ	max	typ	min				
LM308A	1	0.3	0.5	2	5	1.5n	7n		96	±2.0-18	0.3	NS	35
LM11CL	1	0.5	5	3		0.07n	0.2n	110	88	±2.5-18	0.3	NS	150
OP07D	1	0.085	0.25	0.7	2.5	3n	14n	112	102	±3-18	2.7	AD	9.6
LT1012D	1	0.012	0.06	0.3	1.7	0.08n	0.3n	126	106	±1.2-20	0.4	LT	14

もしれませんが, 高精度OPアンプとしては大きすぎます.

▶ ダーリントン接続の**LM11**

LM11は入力のスーパβトランジスタをさらにダーリントン接続することでh_{FE}を大きくして, 低バイアス電流を実現しました. **表3-4**より70(200 max)pAまで小さくなっています. これはもうFET入力OPアンプと同程度の値です.

しかし残念ながら, このOPアンプも入力雑音電圧が150 nV/√Hzと非常に大きな値になっています.

▶ 電流キャンセル回路を使用した**OP07**

高精度OPアンプとして一世を風びした**OP07**は, 入力バイアス電流を独自の回路(バイアス電流キャンセル回路)で小さくすることに成功しています. **図3-4**に**OP07**の入力部を示します.

Q_3とQ_5は**カレント・ミラー**と呼ばれる回路で, Q_1のベース電流と同じ値の電流を(鏡に写したように)Q_5から流し込んで, +入力側のバイアス電流をキャンセルします. 同じように, −入力側はQ_4とQ_6でキャンセルしています.

その結果, **OP07**のバイアス電流は0.7(2.5 max)nAまで小さくなっています. しかも入力雑音電圧は9.6 nV/√Hzと小さな値のままです.

▶ スーパβトランジスタ＋電流キャンセル回路の**LT1012**

OP07よりあとに登場した**LT1012**は, スーパβトランジスタとバイアス電流キャンセル回路の組み合わせで, **OP07**よりさらに小さな入力バイアス電流を実現しています.

図3-5に**LT1012**の入力部を示します. **OP07**では+入力と−入力を別々に補償していため, PNPトランジスタQ_5とQ_6のベース・リーク電流が補償限界になっていました. しかし**LT1012**では, Q_{13}のトランジスタで±入力 を一括して補償しているため, PNPトランジスタQ_{13}のベース・リーク電流は影響しません. その結果, 入力バイアス電流は

80（300 max）pA まで小さくなっています．入力雑音電圧も 14 nV/√Hz と **OP07** より少し増えただけですんでいます．

　このように，バイポーラ入力 OP アンプの入力バイアス電流が大きいという欠点も，今では気にならないくらい改良されています．

〈図 3-4〉OP07 入力段のバイアス電流補償
　　　　回路

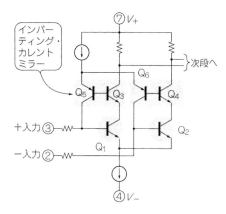

〈図 3-5〉LT1012 入力段のバイアス電流補
　　　　償回路

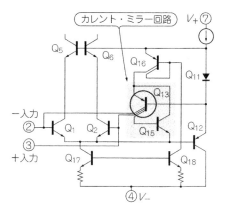

---

25 / CMOS チョッパ OP アンプは低周波ノイズが大きい

　高精度 OP アンプの仲間に**チョッパ OP アンプ**と呼ぶものがあります．チョッパ OP アンプというのは**図 3-6** に示すように OP アンプ自身にオフセット電圧の補償サイクルをもたせたもので，オフセット電圧を自動的に補償する回路を内蔵しています．そのため，チョッパ OP アンプではオフセット電圧とドリフトはほとんどゼロになります．

　たとえば **TLC2654** では，

・　オフセット電圧；5（20 max）μV

・　ドリフト；0.004（0.3 max）μV/℃

と驚くばかりの性能です．

　ところが待ってください．このタイプの OP アンプには大きな欠点があるのです．それは低周波ノイズすなわち 0.1 〜 10 Hz ノイズが大きいということです．0.1 〜 10 Hz ノイズというのは OP アンプの **1/f ノイズ**を規定したものです（**図 3-7** 参照）．通常は P-P 電圧

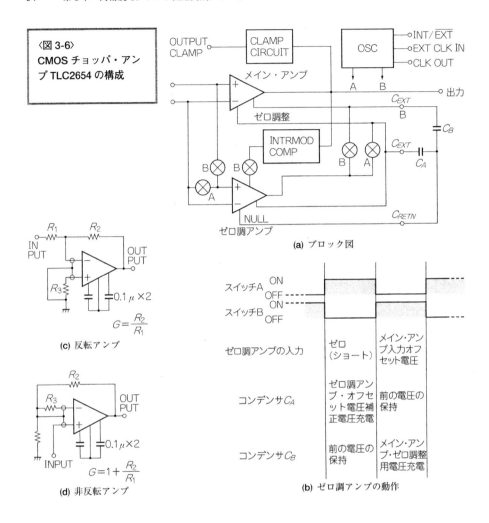

〈図3-6〉
CMOS チョッパ・アンプ TLC2654 の構成

(a) ブロック図

(c) 反転アンプ

$$G = \frac{R_2}{R_1}$$

(d) 非反転アンプ

$$G = 1 + \frac{R_2}{R_1}$$

(b) ゼロ調アンプの動作

で表します．DCからでなく0.1 HzからとなっているのはOPアンプのDCドリフトと区別するためです．

　TLC2654C では,

・ 0.1 ～ 10 Hz ノイズ；1.5 μ V$_{P-P}$

となっています．この値はバイポーラ入力OPアンプ　**AD707** の5倍以上の値です．これは **TLC2654** がチョッパOPアンプというだけでなく，入力段がMOS FETということも要因の一つです．MOS　FETでは低周波雑音が非常に大きく，その結果0.1 ～ 10

〈図 3-7〉ノイズの一般的な分類

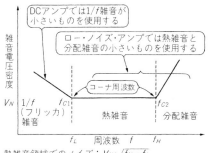

熱雑音領域でのノイズ：$V_N \cdot \sqrt{f_H - f_L}$

1/f雑音領域でのノイズ：$V_N \sqrt{(f_H - f_L) + f_{C1} \, \ln \dfrac{f_H}{f_L}}$

分配雑音領域でのノイズ：$V_N \sqrt{(f_H - f_L) + \dfrac{(f_H{}^3 - f_L{}^3)}{3f_{C2}}}$

〈図 3-8〉チョッパ OP アンプのカタログ上の
ノイズ特性

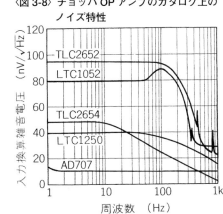

Hz ノイズが大きくなってしまうのです.

　図 3-8 にチョッパ OP アンプのカタログ上のノイズ特性を，図 3-9 に実際の TLC2654 のノイズ特性を示します. 比較のためバイポーラ・タイプの AD707 の特性も載せています.

　低周波ノイズは周波数帯域が 0.1 ～ 10 Hz と DC 近くにあるため，もはやオフセット・ドリフトとは区別することが困難です. そのため，DC ～ 10 Hz 帯域の mV アンプを作ったときは，AD707 よりドリフトが大きくなってしまいます. なお，最近市販されたチョッパ OP アンプ LTC1152 は 0.75 (1 max) $\mu V_{\text{P-P}}$ とだいぶ小さくなっています.

〈図 3-9〉OP アンプの実際のノイズ特性… TLC2654 vs AD707

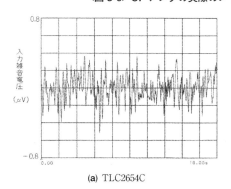

(a) TLC2654C

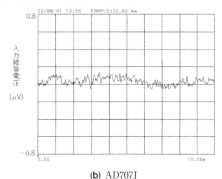

(b) AD707J

チョッパ OP アンプの DC 特性を活かすのなら，帯域をうんと制限して(非常に応答速度が遅いアンプになってしまうが)使うべきです．もしチョッパ OP アンプがバイポーラ・プロセスで作れるのなら，ノイズの小さな OP アンプができるのかもしれません．

また，この OP アンプには特有の**スパイク・ノイズ**(いわゆるチョッパ・ノイズ)が発生するので，バイポーラ入力 OP アンプに比べるとどうしても使いづらいものになってしまいます．スパイク・ノイズは電源ラインに乗ったり空中に放射されたりすることがあるので，近くに感度の高いアンプなどがあるときは注意が必要です．

しかしオフセット電圧をゼロにするというアイデア自体は良いのですから，今後もノイズとの戦いが続けられることでしょう．

26 / 高精度 mV DC アンプには入力フィルタが必要

mV アンプというと**図 3-10** に示すように，入力フィルタを付けて使用するのが一般的です．このフィルタは高周波ノイズを減衰させるための**ローパス・フィルタ**ですが，非常に重要な役目をしているので必ず付けるようにしてください．**図 3-11** にフィルタの有無による特性の変化を調べたデータを示します．

図(**a**)は入力フィルタがないときの出力，図(**b**)は入力フィルタがあるときの出力です．ノイズの代わりに $50\,mV_{RMS}$ の AC 電圧(正弦波)を回路に入力しています．図でわかるように，入力フィルタがあるときは DC レベルは変化していませんが，入力フィルタがないときは大きく DC レベルが変動しています．これはなぜでしょうか？

一般に高精度 OP アンプは DC 特性は優秀なのですが，周波数特性やスルーレート特性などの AC 特性は劣っています．そのため，入ってくる信号の入力周波数が高くなってく

〈図 3-10〉
OP アンプには帯域外の信号を入力しないためのフィルタが必要

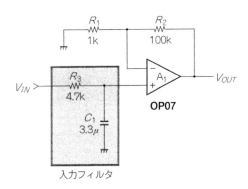

〈図 3-11〉OP アンプへの入力ローパス・フィルタの効果

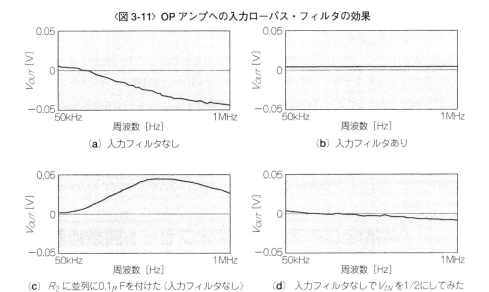

（a）入力フィルタなし　　　　　　　　　　（b）入力フィルタあり

（c）R_2 に並列に0.1μ F を付けた（入力フィルタなし）　　　（d）入力フィルタなしでV_{IN} を1/2にしてみた

るとスルーレート不足のため波形ひずみが発生してしまい，それが DC 成分となって出力に現れるのです．

　みなさんも OP アンプに正弦波を入力したとき，周波数が高くなってくると三角波みたいになって，最後は正弦波とは似ても似つかない波形になった経験があると思います（**写真 3-1**）．これが OP アンプのスルーレート不足で生じる波形ひずみなのです．mV アンプではゲインが大きいぶんより顕著に現れるのです．

　では**図 3-12** のように，帰還抵抗にコンデンサを付けて帯域制限をしてもよいのでしょ

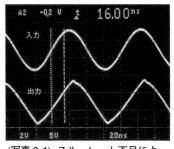

〈写真 3-1〉スルーレート不足による波形のひずみ

〈図 3-12〉負帰還回路でのフィルタでは間に合わない

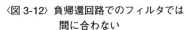
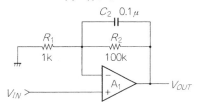

うか？ **図 3-11(c)** を見てください．入力フィルタがないときと同じように，この場合も DC レベルが大きく変動しています．

図 **(d)** は入力フィルタなしで入力電圧を 1/2 にしたときの出力です．図 **(a)** と比べるとだいぶ小さくなっていますが，0 にはなってません．つまり，高周波ノイズは OP アンプの入力側でカットし，OP アンプには必要帯域外の周波数は入力しないことが大切です．

ただし，入力に抵抗を付けると OP アンプの入力バイアス電流でオフセット電圧が生じてしまいます．そのため，R_3 の値はむやみに大きくはできません．R_3 の値を大きくしたいときは低入力バイアス電流の高精度 OP アンプを使用することになります．たとえば **OP97F** では，入力バイアス電流が 30 pA(typ) と，FET 入力 OP アンプに相当する実力をもっています．

27 / 高精度 OP アンプではオフセット調整範囲を狭くする

高精度 OP アンプの入力オフセット電圧は非常に小さくはなっていますが，それでもゼロではありません．原則としてオフセット調整が必要になります(20 μV のオフセット電圧があっても，ゲイン 200 倍のアンプで増幅すると 4 mV の出力誤差となる)．

この場合，カタログに載っている標準的なオフセット電圧調整方法だと，調整範囲が広すぎるので注意が必要です．

図 3-13 が **OP07** や **OP177** の標準的なオフセット電圧の調整方法ですが，1 回路入りの OP アンプではたいていはオフセット調整のためのピンが付いています．この方法は簡単で良いのですが，調整範囲が ±3000 μV もあるためちょっと大きすぎます．そこで実際は **図 3-14** に示すように VR_1 と直列に抵抗 R_1 と R_2 を入れて，**OP177** のオフセット調整範囲を 1/10 の ±300 μV にしています．これでも大きすぎるみたいですが，OP アンプのばらつきを考えると極端に狭くはできません．

また **図 3-15** のような差動アンプ回路では，初段には 2 回路入りの OP アンプを使うのがピッタリきます．ただし，2 回路入り OP アンプではピン数の関係でオフセット調整ピンが外に付いていません．そういうときは外部で調整する必要があります．

R_4, R_5, VR_1 がオフセット調整用の部品です．これがないとアンプのゲイン G は，

$$G = 1 + \frac{R_2 + R_3}{R_1} \quad\text{(1)}$$

で表されますが，R_4 と R_5 が付いたためちょっと変わってきます．

〈図 3-13〉高精度 OP アンプ OP177 の
標準的なオフセット電圧調整方法

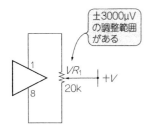

±3000μV
の調整範囲
がある

〈図 3-14〉高ゲインで安定に使うには
オフセット調整範囲は狭くする

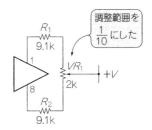

調整範囲を
$\frac{1}{10}$ にした

　式を簡単にするため，$R_2 = R_3 = R$，$R_4 = R_5 = r$ とします．すると図 3-15 の回路のゲイン G は，

$$G = 1 + \frac{2R}{R_1} + \frac{2R}{2r + VR_1} \cdots\cdots(2)$$

となります．$R_1 = 2.26\,\mathrm{k\Omega}$，$R = 10\,\mathrm{k\Omega}$，$r = 64.9\,\mathrm{k\Omega}$，$VR_1 = 3\,\mathrm{k\Omega}$ を(2)式に代入すると $G = 10$ となります．

　この回路のオフセット調整範囲は抵抗 R_4，R_5 で自由に設定することができます．

　同じ差動回路でも，図 3-16 に示す表示用 A-D コンバータのような差動入力タイプのときは，図 3-15 の A_3 はなくてもかまいません．

〈図 3-15〉
差動アンプ構成でのオフセット調整法

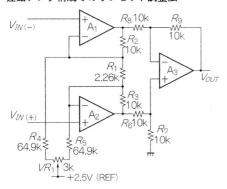

〈図 3-16〉差動入力タイプ A-D コンバータの
オフセット調整法

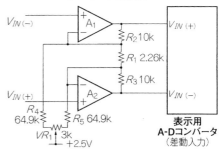

28 / 高精度回路では調整範囲を狭くする

たいていの OP アンプ回路では，最低でも**ゼロ点**(オフセット)と**フル・スケール**の二つの調整が必要になります．

調整に必要なものといったら**トリマ用ボリューム**で，これは一般にはサーメット・タイプがポピュラです(**写真 3-2**)．しかし，このトリマの抵抗誤差は 10 %，温度係数 100 ppm/℃と，金属皮膜抵抗に比べたら特性がかなり悪くなっています．ちなみに筆者がよく使う金属皮膜抵抗は抵抗誤差 1 %，温度係数 50 ppm/℃です(**写真 3-3**)．

巻き線型トリマもありますが，それでも抵抗誤差 10 %，温度係数 50 ppm/℃程度です．これ以上の性能だと値段が急に高くなります．またトリマには**バックラッシュ**といって，最適値に調整したつもりでも回転が戻って調整点がずれる現象があります．これは安いトリマに多く見られる現象です．

このようにトリマの性能は金属皮膜抵抗に比べてかなり悪いので，高精度回路ではトリマの影響が最小限ですむように，調整範囲は可能な限り狭くすることが大切です．

図 3-17 は何も考えないで作ったゲイン 1 倍の反転アンプです．ゲイン調整用の VR_1 に 20 kΩを使い，なんと 0 ～ 200 %の範囲でゲインを調整できるようになっています．調整範囲が広いと便利そうですが，これでは調整範囲が広すぎて，VR_1 の影響がもろにでてしまいます．

図 3-18 はちょっと考えた回路です．R_2 の値を 9.76 kΩ(**E96** 系列で選択)にして，VR_1 を 500 Ωと小さくしました．したがって，この回路の調整範囲は 97.6 ～ 102.6 %となって，約±2.5 %の調整範囲に抑えています．通常の応用ではこれで十分でしょう．

図 3-19 はもっと考えた回路です．トリマを抵抗 R_1 と R_2 の間に入れています．こうすると R_1 にも R_2 にも 10 kΩの抵抗値が使えます．

(a) 1 回転

(b) 多回転

〈**写真 3-2**〉 オフセットやゲイン調整に使うトリマの一例

〈写真 3-3〉
OP アンプ回路に使う抵抗…金属皮膜
抵抗器が多い

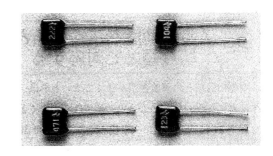

　図 3-20 はもっともっと考えて，トリマの抵抗誤差の影響を軽減した回路です．トリマ
で一番精度が悪いのが抵抗誤差で 10 ％もあります．そのためここでは，ゲイン調整範囲
を決定する R_3 には金属皮膜抵抗の 510 Ω を使っています．これで調整範囲が ±2.5 ％（VR_1
が並列だから）にぴったりと決まります．

　実際の調整は VR_1 で行います．VR_1 の抵抗値は R_3 の 10 倍以上に選んでおけば，VR_1 の
抵抗誤差が 10％あっても回路への影響はその 1/10 すなわち 1％ですんでしまいます．も
ちろん，VR_1 の抵抗値を R_3 の 100 倍に選べば 1/100 の影響度になりますが，OP アンプの
入力容量の影響で発振しやすくなるので注意が必要です．

〈図 3-17〉 こんな回路はやめよう
　　　　…ゲイン 0 ～ 2 倍

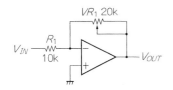

〈図 3-18〉 調整範囲を狭くした反転アンプ

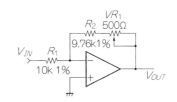

〈図 3-19〉 調整範囲を狭く工夫した
　　　　回路

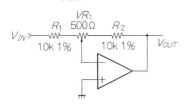

〈図 3-20〉 トリマの誤差も考慮した
　　　　調整回路

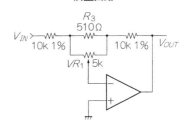

29 ╱ 調整範囲を広くするときは固定抵抗の切り替えで対応する

　増幅回路などの調整範囲が狭くてよいときは，トリマの調整範囲も問題なく狭くできます．ところが，ものによっては調整範囲を広くとりたいことがあります．

　図3-21は空芯トランスを使った電流センサ用の積分アンプの例です．室外で使用する（使用温度範囲が広い）ために，OPアンプには高精度OPアンプの**OP97**を使用しています．

　電流センサとしての空芯トランスは，コアを使っていないので飽和の問題がなく，数十万Aという大きな電流でも使用できます．ただ出力は微分波形になってしまうので，積分回路を通して周波数に依存しない元の波形に戻す必要があります．

　ところが実際には空芯トランスのばらつきが大きいということで，積分回路の調整範囲を±15％と大きくする必要が生じました．金属皮膜抵抗より性能の悪いトリマで±15％も調整することは，安定性を悪くしてしまいます．室外で使用するため使用温度範囲が広いからです．

　そこで図に示すように固定抵抗を5％ごとに用意して，それをセンサに合わせて設定することにしました．そうして図には示してありませんが，最終段のアンプに±5％の調整範囲を設けるようにしました．

　図**3-22**に，簡単にゲインを設定ができるようにするためのプリント板パターン・レイアウトを示します．ジャンパ・スイッチを用意してもよいのですが，信頼性のことを考えてはんだ付けタイプにしています（回路ごとモールドされる場合もあると聞いていたの

〈図3-21〉調整範囲を広くとるようにした**電流センサ用積分アンプ**

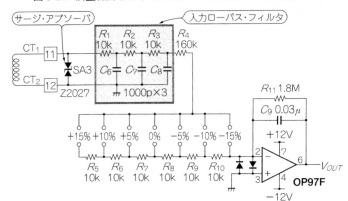

で）．図のように円形はんだ用ランドの中央に 0.5 ～ 1 mm ほどのスリットを入れておきます．そして，設定するランドのみはんだを盛るとそのランドがショートします．もちろんはんだづけできるように，設定用ランドのレジストおよびシルクは禁止です．

〈図 3-22〉 パターンのランドをショートしてゲインを設定する

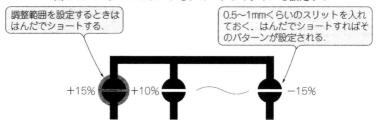

+15%　+10%　～　−15%

30 / 非反転アンプでも高精度回路に使える … OP アンプの *CMRR* は大きい

電子回路の教科書を読むと，「非反転アンプは**同相電圧の影響を受ける**」ということが書いてあります．そのため非反転アンプを嫌って，反転アンプばかり使用するという人もいます．

図 3-23 を見てください．図(**a**)は基本的な反転アンプで，この回路の出力は，

$$V_{OUT} = - \frac{R_2}{R_1} \, V_{IN} \quad\text{(3)}$$

で表されます．また図(**b**)は基本的な非反転アンプで，この回路の出力は，

$$V_{OUT} = \left(1 + \frac{R_2}{R_1}\right)\left(1 + \frac{1}{CMRR}\right) V_{IN} \quad\text{(4)}$$

で表されます．

これらの式からわかるように，非反転アンプでは $1/CMRR$ の項が誤差になります．これからも非反転アンプを嫌うのが納得できます．**CMRR** は Common Mode Rejection

〈図 3-23〉 反転アンプと非反転アンプの違い

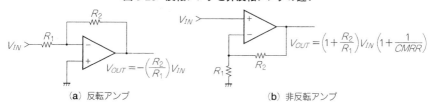

(**a**) 反転アンプ　　　　　　　(**b**) 非反転アンプ

Ratio の略で，日本語では**同相信号除去比**と呼びます．同相信号の影響を除くのが差動アンプ(OP アンプの中身は基本的に差動アンプ)の役割ですが，どれくらい完全に同相信号を除去できるかを表すのが *CMRR* というわけです．

ところが筆者の場合，非反転アンプを使ってて，とりたてて不都合が生じた経験がありません．なぜだろうと考えてみると，「最近の OP アンプの *CMRR* はけっこう大きい」という結論になりました．

図 3-24 を見てください．これはカタログ上での **OP27** の開ループ・ゲイン A_{OL} と *CMRR* を示しています．$CMRR > A_{OL}$ になっていることがわかります．ということは，ループ・ゲインによる誤差のほうが大きく現れて，*CMRR* による誤差はかすんでしまうことになります(ここまで誤差を追求する用途はめったにありませんが)．

昔の OP アンプは確かに *CMRR* 特性が悪かったので，非反転アンプでは特性が良くない場合があったのかもしれません．しかし最近では OP アンプの性能が向上しているので，非反転アンプを毛嫌いする理由もなくなっていると思います．反転アンプ，非反転アンプとも優れた回路なので，二つを有効に使って欲しいと思っています．

ただし広帯域(高周波)OP アンプの中には，AC 特性を追求するあまり *CMRR* 特性があまり良くないものもあります．この類の OP アンプは非常に使い勝手が悪いので特殊な用途にしか使用されません．

〈図 3-24〉
最近の OP アンプの開ループ・ゲインと *CMRR*

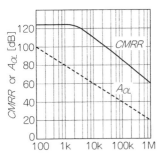

31 / *CMRR* を大きくとるには高精度 OP アンプ

図 3-25 に示す差動アンプ回路の *CMRR* …同相信号除去比は，抵抗の誤差を ε とすると，

$$CMRR = 20 \log \frac{G}{\varepsilon} \quad \cdots\cdots\cdots\cdots\cdots\cdots\cdots\cdots\cdots\cdots\cdots\cdots(5)$$

　ただし，*G*；回路の(差動)ゲイン

で表されます．たとえば *G* = 100，ε = 1％なら，*CMRR* は(5)式より，

$$CMRR = 20\log(100/0.01)$$

$$= 80\,\mathrm{dB}$$

になるはずです．ところが，ここで疑問がわいてきます．εをゼロにしたらどうなるのでしょうか？

　まさか∞になるわけがないし，「たぶん，OP アンプのもつ *CMRR* で頭打ちになるのは…」という結論に落ち着きました．確認のために *CMRR* に違いがある **TL061**(汎用 OP アンプ)と **OP27**(高精度 OP アンプ)で実験してみました．

　図 3-26 にカタログ上での *CMRR* 特性を示します．図でわかるように，当然のことながら **OP27** が 40 dB ほど良い値を示しています．実験結果もはたしてそうなるのでしょうか．

　図 3-27 に **TL061** の *CMRR* 特性を示します．ε = 1％のときは，およそ 80 dB(*f* = 100 Hz)ですから計算どおりです．そして調整後の特性は，どうがんばっても 100 dB までしかいきませんでした．なお，実験では**図 3-25** の R_4 を可変にしました．

〈図 3-25〉
一般的な差動アンプの構成

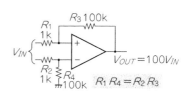

〈図 3-26〉OP アンプのカタログ上の *CMRR* 特性

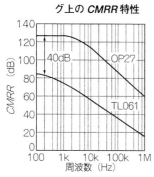

〈図 3-27〉汎用 OP アンプ TL061 による実際の *CMRR* 特性

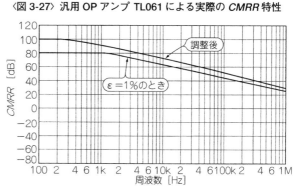

図 3-28 は OP27 の *CMRR* 特性です. $\varepsilon = 1\%$のときは,およそ 80 dB と計算どおりです. そして調整後の特性では,120 dB を軽く超しています.

このように,回路の *CMRR* を大きくしたいときは *CMRR* の大きな OP アンプを使って,差動各抵抗のバランスをそろえることが大切です. 汎用 OP アンプは安価で良いのですが,*CMRR* が小さなものが多いので注意してください. 高精度 OP アンプなら大きな *CMRR* をもっているので,安心して使用することができます.

〈図 3-28〉
**高精度 OP アンプ OP27 に
よる実際の *CMRR* 特性**

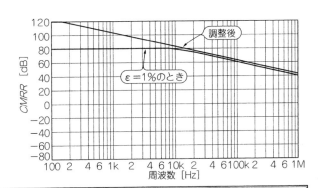

32 / OP アンプ回路のアナログ・グラウンドは 一点アースが基本

低周波回路ではよく「**一点アースが基本**」と言われます. しかし,これは具体的にはどういうことを言っているのか今一つよくわかりません.

ある会社の技術者に「**図 3-29** のイメージで基板を作ってください」と頼まれました. この図をもらったとき,「実にわかりやすい」というのが第一印象でした. さっそくいつもの基板屋さんに,「昨日 FAX した回路は,**図 3-29** のイメージでパターン設計してください」とお願いしたところ,その通りのものができあがってきたのでホッとしました. 納期が迫っていたのでやり直しの時間がなかったのです.

図 3-29 で言っているのは次のようなことです.

① 各回路ごとの**アナログ・グラウンド**は 3 端子レギュレータの根元で接続する

② 同じく**ディジタル・グラウンド**もその一点で接続する

最近はアナログ回路とディジタル回路が混在しているディジアナ回路がほとんどです. こういう回路ではアナログ回路とディジタル回路を物理的に分離する必要があります. そ

のため，アナログ・グラウンド A.GND とディジタル・グラウンド D.GND はパターン上でも必ず分離して配線し，3 端子レギュレータの根元で一点グラウンドします．

　これを無視して 2 点以上で接続してしまうと，ディジタル・グラウンド・ラインのノイズがアナログ・グラウンド・ラインに混入してしまい，あとで作り直しということにもなりかねません．

　アナログ・グラウンドとディジタル・グラウンドの分離は非常に重要で，**A-D コンバータ** IC や **D-A コンバータ** IC などを多数使うような回路では，**図 3-30** のようにフォト・カプラを使って確実な分離(絶縁)を行う場合もあるほどです．

〈図 3-29〉
アナログ・グラウンドは一点アースが基本

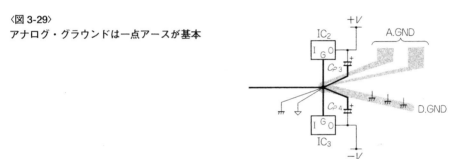

〈図 3-30〉ディジアナ混在回路ではアナログ部とディジタル部を絶縁することも必要

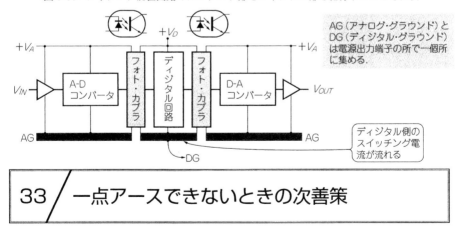

33／一点アースできないときの次善策

　両面(多層)プリント基板で，基板面積が十分にあっていくらでもパターンは書けるというときは一点アースも実現しやすいのですが，通常は基板面積がぎりぎり(不足気味)の場合がほとんどです．そういうときは一点アースの次善策として，**図 3-31** のようなパター

ンにします.

　「あれ,一点アースになっていないよ」と言われるでしょうが仕方がありません.それでもできるだけ,アナログ・グラウンドのパターンだけは優先して太く配線してもらいます.

　「多層基板にして**ベタ・グラウンド**にしてみたら」という意見もあるでしょう.ベタ・グラウンドというと高周波で使われている技術ですが,グラウンド・インピーダンスを下げる意味で低周波でも効果があります.しかし,1円や10円を気にする量産機器では,値段の点で多層基板は使えない場合もあるのです.

　ひどいときには,「基板面積をさらに小さくしてくれ」と言ってくることもあります.だいいち部品が載りません.「部品を載せたらパターン配線の面積がありません」というメッセージを何度受け取ったことか.

　そういうときはより小型の部品やチップ部品などを使って対策します.「多層基板が使えたらなぁ」と思うことは一度や二度ではありません.多層基板なら部品さえ載ってしまえば,パターンは確実に引くことができます.

　リレーやモータなどのように大きな電流が流れる部品は,**図3-31**に示すように**パワー・グラウンド**(PWR.GND)を別に設けたほうがよいでしょう.アナログ・グラウンドにパワー・グラウンドのリターン電流が流れ込むと,アナログ・グラウンド・ラインのインピーダンスで電圧降下を発生し,オフセット電圧変動やノイズ発生の原因になってしまいます.そのようなことからも,リレー用電源(非安定化)もコンデンサCP_1から取るようにして,IC_1出力(安定化)からはとらないようにします.

〈図3-31〉
一点アースが実現
できないときの次
善のグラウンド引
き回し

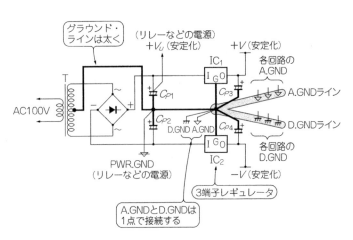

34 / 高精度 mV アンプの近くには発熱素子を置かない

mV アンプは微小な DC 電圧を増幅するもので，高い電圧ゲインをもっています．したがって，ちょっとしたオフセット電圧の発生が回路の誤差になってしまいます．

たとえば，**図 3-32** は OP アンプの近くに発熱素子(たとえば抵抗など)を置いた悪い例です．抵抗の温度が上昇すると空気中およびプリント基板を伝わって OP アンプの温度をも上昇させます．OP アンプ回りの温度が均一に上昇するならば問題はありませんが，温度差があると，そこには**熱電対**の原理で必ず熱起電力が発生します．

通常，はんだの熱起電力は数 μV/℃ ですから，高精度 OP アンプのドリフトに比べてかなり大きな値で，思わぬトラブルの元になってしまいます．そのため mV アンプでは発熱素子は別基板に設置するとか，そうでなければできるだけ離して置くようにします．

mV アンプでは温度勾配ができないような実装が重要です．**図 3-32** の例ではプリント基板のはんだ面をベタ・グラウンドにして，銅箔の金属を利用して OP アンプ周辺の温度を均一化しています．

余談ですが，nV オーダ(10^{-9}V … mV は 10^{-3}V)の電圧を計測する計測器では熱起電力を恐れてはんだは使いません．圧着にて接続する念の入れようです．また，アンプ周辺は分厚い銅板でカバーして温度の均一化に努めています．

最後に風の影響をなくすために，シールドを兼ねた風避けケースに入れます．もちろんシールド・ケースはグラウンドにつないでおきます．

また，電源トランスや入出力トランスのようなものも OP アンプの近くには配置しないことです．トランスには**リーケージ・フラックス**(漏れ磁束)があるので，その周辺に高ゲイン・アンプがあると電磁誘導で発生した電圧を増幅してしまいます．

ケースに納める関係でどうしてもトランスの近くに配置する必要があるときは，磁気シールドされたトランスを使用してください．

〈図 3-32〉
mV アンプの近くには発熱素子を置かない

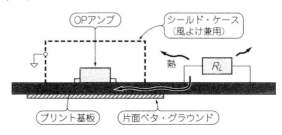

35／微小信号OPアンプ回路では電源デカップリングが大切

　最近は小規模な回路でもマイコン・チップが入っています．アナログ回路とディジタル回路が同居するようなシステムでは，ディジタル回路からのノイズ，いわゆる**スイッチング・ノイズ**がアナログ回路に影響しないようにする工夫が必要です．

　電源電圧のゆっくりとした変化は高精度OPアンプの **PSRR**（**電源電圧変動除去比**）が大きいことから，問題になることはほとんどありません．ところがスイッチング・ノイズは周波数が数十kHz～数百kHz，場合によっては数MHzと高いので，OPアンプのもつ *PSRR* だけでは取り除けず，mVアンプでは大きな障害になることがあります．

　図3-33に高精度OPアンプの代表である**AD707**の *PSRR* 特性を示します．低周波では130dBもあった *PSRR* が，10kHzではたかだか40dBしかありません．もっと高い周波数ではさらに悪化します．

　図3-34にOPアンプの電源をディジタル回路と共通にしたときの回路例を示します．ディジタル回路からのノイズ電流は電源ラインを伝わってアナログ回路に侵入してきます．このノイズ電流が大きいと，OPアンプの電源にバイパス・コンデンサを付けただけでは取り除けません．

　このようなときはデカップリング抵抗 R_{PA} を挿入するのが有効です．R_{PA} の値が大きいほどノイズ除去効果は大きいのですが，OPアンプの回路電流での電圧降下が大きくなるので，普通は100Ω以下が使用されます．もちろん抵抗の代わりにコイル（インダクタタ）を使ってもよいでしょう．

〈図 3-33〉
高精度 OP アンプの電源電圧変動除去比
(*PSRR*)

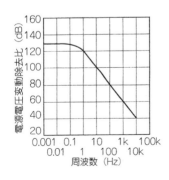

　スイッチング・ノイズはディジタル回路の専売特許かと思ったら，アナログICの中にもノイズを出すものがあります．図3-35にその例を示します．

　図(a)はその中の一つ，**チョッパOPアンプ**です．チョッパOPアンプはオフセット電圧を定期的に補償するため，内部に発振回路を内蔵しています．これはりっぱなディジタル回路です．高感度な回路が近くにあるときは，チョッパOPアンプの電源ラインにデカップリング抵抗R_{PA}とバイパス・コンデンサC_{PA}を付けて，電源ラインにノイズが乗らないようにします．幸いチョッパOPアンプのノイズ電流は小さいので，図の方法でほとんど取り除くことができます．

〈図3-34〉ディジタル回路からの電源ノイズを除去するためのデカップリング

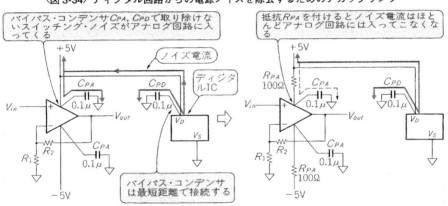

〈図3-35〉気づかないところにもスイッチング・ノイズがある

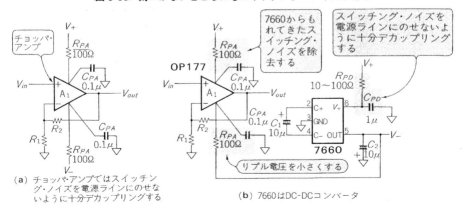

(a) チョッパ・アンプではスイッチング・ノイズを電源ラインにのせないように十分デカップリングする

(b) 7660はDC-DCコンバータ

　図(b)は**負電源コンバータ IC** を使った例です．正電源から負電源を作るとき，**7660** のような負電源コンバータ IC は(+5V から−5V を作る)便利さが受けて多用されています．ところがこれもりっぱなスイッチング回路で，けっこう大きなノイズを発生します．したがって，図のように，デカップリング抵抗 R_{PD} とデカップリング・コンデンサ C_{PD} を付けてノイズの流出を防止します．

　また，負電源にリプルがあると A_1 出力にリプルが現れてしまいます．7660 の C_1，C_2 の値を大きくするか，負電源側のデカップリング抵抗 R_{PA} を大きくします．

第4章
微小電流OPアンプ回路
実践ノウハウ

36／微小電流OPアンプは MOS FET 入力タイプが主流

汎用OPアンプの入力バイアス電流はnA$(10^{-9}$A$)\sim\mu$A$(10^{-6}$A$)$オーダですが，微小電流OPアンプでは pA$(10^{-12}$A$)\sim$ fA $(10^{-15}$A$)$オーダと非常に小さくなっています．

微小電流OPアンプというと以前は**表4-1**に示す*μ*PC252AやICH8500Aなどが使用されていました．両者ともMOS FET入力タイプです．

これらのOPアンプは入力バイアス電流は小さくて申し分ないのですが，入力オフセット電圧やドリフトが大きいのが欠点でした．たとえば*μ*PC252Aでは，入力オフセット電圧が5 (30max) mVで，ドリフトが10 (1000max) *μ*V/℃と，最近の微小電流OPアンプに比べるとかなり劣っています．

微小電流OPアンプはなかなか新製品が登場しませんが，その中にあって**表4-2**に示すOPアンプが使いやすいと思います．とくに**OPA128**と**AD549**は，**JFET入力**ながら入力バイアス電流がfAオーダと小さく，入力オフセット電圧とドリフトもずっと小さくなっています．

〈表4-1〉 低入力電流 OP アンプ *μ*PC252A と ICH8500A の特性

型　名	回路数	入力オフセット電圧(mV)		ドリフト(μV/℃)		入力バイアス電流(A)		GB積(MHz)	スルーレート(V/μs)	動作電圧	動作電流	メーカ	特徴
		typ	max	typ	max	typ	max	typ	typ	(V)	(mA)		
*μ*PC252A	1	5	30	10	100	100f	1000f		0.6	±4-18	0.5	NE	MO
ICH8500A	1		50		100		10f		0.5	±4-15	2.5	IS	MO

特徴，MO = MOS FET 入力

〈表4-2〉最近の低入力電流OPアンプ

型　名	回路数	入力オフセット電圧(mV)		ドリフト(μV/℃)		入力バイアス電流(A)		GB積(MHz)	スルーレート(V/μs)	動作電圧	動作電流	メーカ	特徴
		typ	max	typ	max	typ	max	typ	typ	(V)	(mA)		
LMC6001C	1		1	2.5		10f	1000f	1.3	1.5	4.5-15.5	0.5	NS	CM
LMC6001B	1		1	2.5	10	10f	100f	1.3	1.5	4.5-15.5	0.5	NS	CM
LMC6001A	1		0.35	2.5	10	10f	25f	1.3	1.5	4.5-15.5	0.5	NS	CM
AD549J	1	0.5	1	10	20	150f	250f	1	3	±5.0-18	0.6	AD	JF
AD549K	1	0.15	0.25	2	5	75f	100f	1	3	±5.0-18	0.6	AD	JF
AD549L	1	0.3	0.5	5	10	40f	60f	1	3	±5.0-18	0.6	AD	JF
OPA128J	1	0.26	1		20	50f	300f	1	3	±5.0-18	0.9	BB	JF
OPA128K	1	0.14	0.5		10	75f	150f	1	3	±5.0-18	0.9	BB	JF
OPA128L	1	0.14	0.5		5	40f	75f	1	3	±5.0-18	0.9	BB	JF

特徴：CM = CMOS，JF = JFET入力

　ただし，ここで言っている入力バイアス電流は室温(通常25℃)での値です．FET入力(MOS FETおよびJFETとも)OPアンプは，自分自身のチップ温度が高くなると，入力バイアス電流が急激に増加します(図4-1)．通常，温度が約10℃上昇するごとにバイアス電流は2倍になってしまいます(33℃で10倍)．使用に当たっては，周囲温度あるいは自分自身による発熱には十分注意する必要があります．

　自分自身による発熱を抑えるには，消費電力を抑えることが一番です．

〈図4-1〉
FET入力OPアンプの入力バイアス電流温度特性

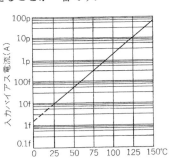

37／微小電流OPアンプに使われている技術

　μPC252AやICH8500Aは入力がMOS FETでしたが，最近のOPA128などではJFET入力になっています．そのため，オフセット電圧やドリフトなどのDC特性がかな

り改善されています．**OPA128** の入力バイアス電流が，一番安価な J バージョンでも 150 (300 max) fA というのは驚きです．その理由は **OPA128** のプロセス技術にあります．

　一般の FET プロセスでは，**図 4-2** に示すように PN 接合によって絶縁されており，ゲートにはダイオードが形成されてしまいます．そのため，**ゲート・リーク電流** I_{SUB} が加わり，入力バイアス電流を大きくしています．

　いっぽう **OPA128** では，絶縁を**誘電体分離プロセス**という技術によって行うため，PN 接合によるダイオードができません．その結果，入力バイアス電流を小さくすることを実現しています．

　また，回路技術のほうでも改良のあとが見られます．**図 4-3** は **OPA128** の内部回路です．**カスコード**(Cascode)回路が使われているのがわかります．一般の FET では**図 4-4** に

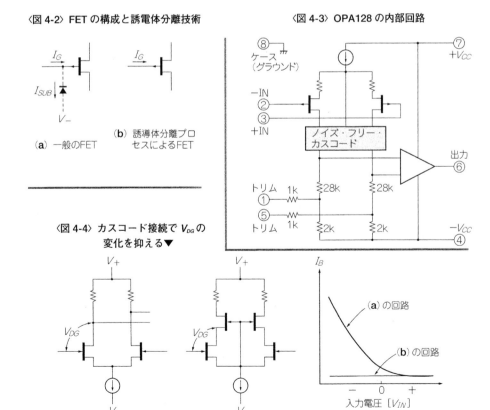

⟨図 4-2⟩ **FET の構成と誘電体分離技術**

(a) 一般のFET　　(b) 誘導体分離プロセスによるFET

⟨図 4-3⟩ **OPA128 の内部回路**

⟨図 4-4⟩ **カスコード接続で V_{DG} の変化を抑える▼**

(a) 一般の差動アンプ　　(b) カスコード接続差動アンプ　　(c) 入力バイアス電流

示すように，ドレイン-ゲート電圧 V_{DG} が大きくなるとゲート電流(すなわち入力バイアス電流に相当)が増加します．そのため，入力電圧の変化によって入力バイアス電流も変化してしまう欠点をもっていました．

ところがカスコード接続にすると V_{DG} が一定電圧に抑えられるため，上記のような欠点が生じません．**図 4-4(c)** にそのようすを示しましたが，カスコード接続の優位性がわかります．

図 4-5 に OPA128 の入力バイアス電流の同相電圧-入力電圧依存度を示します．ほとんど変化していないことがわかります．従来の FET 入力 OP アンプでは，同相電圧による入力電流の変化がかなりあったのです．

AD549 も **OPA128** と同様に，プロセス技術と回路技術の工夫によって，JFET 入力ながら **OPA128** と同等の性能を実現しています．

〈図 4-5〉
OPA128 の入力電流/同相電圧依存度

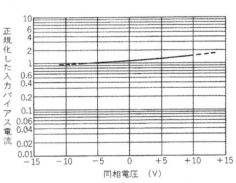

38 / fA オーダを実現した微小電流 OP アンプ

微小電流 OP アンプを使う用途として，**光センサ**などからの微小電流を電圧に変換する **I-V 変換回路**があります．このような用途で分解能として pA オーダを求める場合は，それこそ fA オーダの微小電流 OP アンプが必要になります．このようなとき，最近は比較的安価な **CMOS OP** アンプに良いものが登場してきましたので，利用すると便利です．

LMC6001 は CMOS 構成の微小電流 OP アンプです．CMOS 構成のために最大電源電圧は 15.5 V と小さくなっていますが，低電圧動作化が進められている昨今，この点は欠点にはなりません．

従来，fA オーダの OP アンプはすべて**写真 4-1** に示すような金属ケースでしたが，

〈写真 4-1〉
金属ケース(ハーメチック・シール)の OP アンプ

〈図 4-6〉LMC6001 の入力電流-同相電圧依存度

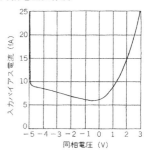

LMC6001 ではプラスチック・パッケージで fA の入力バイアス電流を実現しており，そのぶん低価格になっています.

　この LMC6001 も入力バイアス電流の大きさによって，LMC6001C(1000 fAmax)，LMC6001B(1000 fAmax)，LMC6001A(25 fAmax)のバージョンが用意されています. ただし，図 4-1 にも示したように，FET 入力 OP アンプの入力バイアス電流には強い温度依存性があるので，高温での使用には注意が必要です.

　図 4-6 は同相電圧依存性を示しますが，0 V 付近が一番良好な特性になっています. ＋側の入力電圧では入力バイアス電流が大きくなるので注意が必要です. そのうち，LMC6001 にカスコード回路によって同相電圧依存度を小さくした OP アンプが登場するかもしれませんね.

　LMC6001 を作っているのはナショナル・セミコンダクタですが，同社からは他にも特徴ある微小電流 OP アンプが発売されています. とくに LPC661(1 回路入り)と LPC662(2 回路入り)は，入力電流が 2 fA(typ)という値で，しかも消費電流が 55 μA という値になっており，自己発熱も小さくなるように考えられています.

39 ╱ 微小入力バイアス電流の測定方法

　通常，電流を測定するときには抵抗器を使用し，その電圧降下を測定しますが，fA オーダともなると 1 T Ω(= 10^{12} Ω)の高抵抗を使用してもたかだか 1 mV/fA の感度しかありません.

　微小電流を測定するときはコンデンサを使用します. 図 4-7 に入力電流の測定法を示

します．コンデンサのよく知られた式に，

$$Q = CV \quad\cdots\cdots\cdots\cdots\cdots\cdots\cdots\cdots\cdots\cdots\cdots\cdots\cdots\cdots\cdots\cdots\cdots\cdots\cdots\cdots\cdots\cdots \quad (1)$$

ただし，Q；電荷，C；容量，V；電圧

があります．これより(1)式を時間 t で微分すると，

$$\frac{dQ}{dt} = C\,\frac{dV}{dt} \quad\cdots\cdots\cdots\cdots\cdots\cdots\cdots\cdots\cdots\cdots\cdots\cdots\cdots\cdots\cdots\cdots\cdots \quad (2)$$

が得られます．dQ/dt は電流 i なので，けっきょく(2)式は，

$$\frac{dV}{dt} = \frac{i}{C} \quad\cdots\cdots\cdots\cdots\cdots\cdots\cdots\cdots\cdots\cdots\cdots\cdots\cdots\cdots\cdots\cdots\cdots\cdots \quad (3)$$

になります．図4-7では $C_1 = 22\,\mathrm{pF}$ に選んでいるので，(3)式から1pA当たり，

$$dV/dt = 45.5(\mathrm{mV/sec})$$

の電流感度が得られます．

図4-8は電流測定の実験結果です．図(a)が **LMC6001C**-<サンプル(**1**)>による実測値

<図 4-7>
微小入力電流の測定法

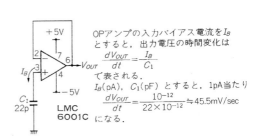

<図 4-8> LMC6001 の入力電流測定結果

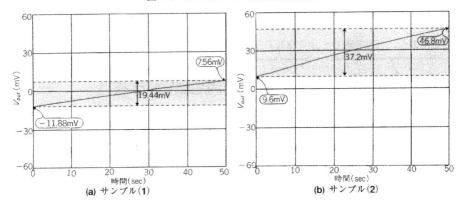

(a) サンプル(**1**)　　　(b) サンプル(**2**)

です．図から 50 秒間での電圧変化が 19.44 mV なので，

$$i = (dV/dt)C$$

$$= |(19.44\,\mathrm{mV}/50\mathrm{sec})/45.5\,\mathrm{mV/sec}| \times 1\,\mathrm{pA}$$

$$= 0.0085\,\mathrm{pA}$$

すなわち，8.5 fA ということがわかります．図(**b**)は＜サンプル(**2**)＞の実測値です．50 秒間での電圧変化が 37.2 mV なので，16.4 fA ということがわかります．

このように **LMC6001** の入力バイアス電流は非常に小さいことが確認できました．10 fA という微小な入力バイアス電流を DIP で実現できたことは大きな成果です．

40 / 微小電流回路では電流漏れを防ぐ工夫が重要

　pA オーダの微小電流を扱う回路では，プリント基板に部品を実装するとき，いわゆるリーク電流に十分注意しなければなりません．そのための方法としてガードという手法がよく使用されます．

　図 4-9 を見てください．これはセンサからの pA オーダの電流を電圧に変換する *I-V* 変換回路の例です．この回路のすぐ近くを，たとえば 15 V の電源ラインが通っていたら，電位差によって，信号回路にリーク電流 I_{LEAK} が流れてしまう可能性があります．これはもちろん誤差になってしまいます．

　これを避けるための手法が**ガード**と呼ばれるものです．

　図(**a**)では，微小電流 OP アンプの−入力周辺をガードで囲っています．こうすると近くに電源ラインがあっても I_{LEAK} はガードを通ってアナログ・グラウンドへ流れて行きます．

〈図 4-9〉微小電流-電圧変換回路におけるガードの役割

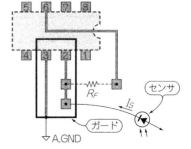

（**a**）基本回路　　　　　　　　　（**b**）はんだ面のパターン

すなわち，I_{LEAK} は OP アンプの－入力には流れ込まないので誤差が生じません.

プリント基板にガードを設けるには図(**b**)のようなパターンにします. OP アンプの－入力(2 ピン)をグラウンド・パターンで囲ってしまいます. 図でははんだ面だけに付けていますが，部品面側も同様に囲むとさらに安心です.

「これではガードされるのはプリント基板表面だけで，内部まではガードされていないのでは」と心配されるかもしれませんが，I_{LEAK} はプリント基板表面の汚れが原因の場合が多いので，ほとんどはこれで十分です. しかし，さらに被測定電流が小さいときや高精度測定が必要な場合は**テフロン端子**を使ってみてください.

図 4-10 にテフロン端子を示します. 図(**a**)はクローバ型テフロン端子です. テフロン端子より少し大きめ(通常メーカ指定)の孔をプリント基板にあけて，専用の治具を使ってテフロン端子を圧入します.

図(**b**)はピン接続型で，プリント基板取り付け用のピンが出ているので，はんだ用のランドさえあれば取り付け可能です. もちろんユニバーサル基板にも利用できます.

〈図 4-10〉
高絶縁を維持するには
テフロン端子を使う

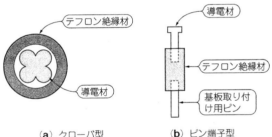

(**a**) クローバ型   (**b**) ピン端子型

41 / 光センサ用 *I-V* 変換回路は発振しやすいので要注意

微小電流 OP アンプの応用として，センサなどからの電流を測定するときに使う *I-V* 変換回路があります. **図 4-11** はその一例ですが，この回路の出力電圧 V_{OUT} は，

$$V_{OUT} = -I_{IN} \cdot R_F \quad\cdots\cdots\cdots (4)$$

で表されます. したがって，$R_F = 1\text{M}\Omega$，$I_{IN} = 1\,\mu\text{A}$ のときは $V_{OUT} = -1\text{V}$ が出力するはずです.

ところがところが，皆さんも経験されたかもしれませんが，このままでは使用できません. **発振**してしまうのです.

OPアンプの帰還抵抗 R_F が大きくなったときに一番トラブルのがこの発振なのです. OPアンプには入力容量というものが数 p ～数十 pF あって，これが OP アンプの安定性を悪化させてしまうのです.

OPアンプに**入力容量**があると**図 4-12** に示すように，帰還抵抗 R_F と C_{IN} で周波数特性に新たな**ポール**…周波数特性の変曲点を作ってしまいます．ポールができると位相が遅れて発振しやすくなります．ポールのできる周波数 f_P は，

$$f_P = \frac{1}{2\pi \cdot C_{IN} \cdot R_F} \quad \cdots\cdots\cdots\cdots\cdots\cdots\cdots\cdots\cdots\cdots\cdots\cdots\cdots\cdots\cdots\cdots\cdots\cdots\cdots\cdots (5)$$

で表されます．この f_P が OP アンプのユニティ・ゲイン周波数近く，あるいはそれ以下になると要注意なのです.

ここで使用している OP アンプ **AD548** の入力容量をおよそ 5 ～ 6 pF とすると(たいていの OP アンプはこの程度の入力容量がある)，(5)式より f_P は，

$$f_P = \frac{1}{2\pi \times 6 \times 10^{-12} \times 10^6} \fallingdotseq 26.5\,\mathrm{kHz}$$

になります．**AD548** のユニティ・ゲイン周波数 f_T は 1 MHz(すなわち $f_P < f_T$)なので発振の危険性が大きいことがわかります.

〈図 4-11〉基本的な *I-V* 変換回路

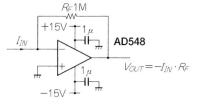

〈図 4-12〉OP アンプに入力容量があるとき

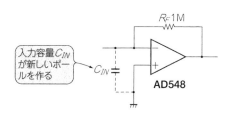

〈図 4-13〉*I-V* 変換回路の周波数特性

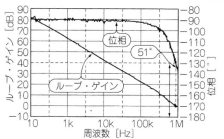

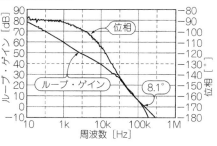

図4-13を見てください．これは図4-11の回路のループ・ゲインLGと位相ϕを測定した結果です．LG_1とϕ_1は$R_F = 0$のときの特性，すなわちバッファの場合です．ループ・ゲインが0 dBになるときの位相から，**位相余裕**ϕ_mを求めると$\phi_m = 51°$になっています．通常，位相余裕は45°以上あれば十分安定ですから，バッファ動作では発振の心配はありません．

次に$R_F = 1\,\mathrm{M}\Omega$($I$-$V$変換回路)の場合を考えてみましょう．$LG_2$と$\phi_2$がそれです．この場合の位相余裕は$\phi_m = 8.1°$と小さくなっています．これは周波数$f_P$にポールが生じたためで，$f_P$では位相が45°遅れてしまうので位相余裕が小さくなってしまったのです．位相余裕が0°になってしまうと回路は正帰還になってしまうので，発振してしまいます．

42 / *I-V*変換回路では発振止めに位相補償が必要

*I-V*変換の基本回路では，入力容量による位相遅れのために回路が発振しやすくなりますが，発振を止める方法はあります．これを**位相補償**と呼んでいます．

位相補償にはいろいろな方法がありますが，普通はもっとも簡単で効果的な**進み位相補償**で対策します．これは図4-14に示すように，帰還抵抗R_Fと並列にコンデンサC_Fを付けるものです．図ではC_Fに10 pFを付けて対策しています．

しかしこれで本当に効果があるのでしょうか．実験で確認してみましょう．図4-15を見てください．これは位相補償後のループ・ゲインLGと位相ϕを測定した結果です．位相補償によって位相余裕が$\phi_m = 69.9°$と大幅に改善されていることがわかります．

コンデンサC_Fは位相を進める働きがあります．これをポールに対してゼロ点と言います．ゼロ点ができる周波数f_Zは，

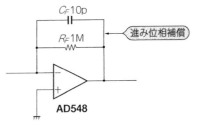

〈図4-14〉*I-V*変換回路の位相補償

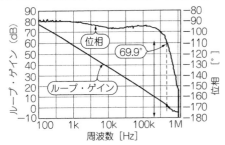

〈図4-15〉位相補償後の*I-V*変換回路の周波数特性

$$f_Z = \frac{1}{2\pi \cdot C_F \cdot R_F} \quad\text{\dotfill} \quad (6)$$

です．この場合は $C_F = 10\,\mathrm{pF}$ ですから $f_Z = 16\,\mathrm{kHz}$ になります．

このように，C_{IN} で遅れた位相を C_F で進めてやることで回路は安定になります．したがって，この位相補償方法を進み位相補償と呼んでいます．I-V変換回路ではもっとも効果的な方法です．

なお，実際のセンサには容量成分があります．この値が大きいとさらに大きな C_F が必要になります．通常は $C_{IN} < C_F$ になるように C_F の値を選んでください．C_F には温度補償型セラミック・コンデンサを使うのがよいでしょう．

43／I-V変換回路の入力保護回路

光センサなどのための I-V変換回路では，OP アンプの入力端子が外部にさらされることになりますが，入力端子には**保護回路**がないと不安があります．誤って電圧が加わったり，サージが入ったりすると OP アンプを壊してしまうことがあります．このようなときのための保護回路の一例を**図 4-16** に示します．

信号電流が大きいときは通常，図(a)のようにダイオードを使った保護回路が使用されます．保護抵抗 R_P を付けることもあります．ただし，ダイオードの内部抵抗は 0 V 付近では低いので，オフセット誤差が大きくなってしまうので注意が必要です．

図 4-17 は汎用ダイオード 1S1588 の内部抵抗がバイアス電圧でどう変化するかを実験

〈図 4-16〉
I-V変換回路などへの入力保護回路①

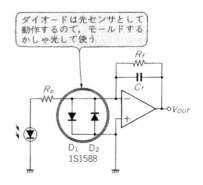

(a) ダイオードを使う

した結果です．1V以上の逆バイアスが加わっていれば内部抵抗は1GΩもあるのですが，0V付近ではわずか40MΩしかありません．これでは，仮に帰還抵抗R_fの値を1GΩとすると1GΩ/40MΩ = 250倍のゲインをもってしまい，OPアンプのオフセット電圧は250倍されてしまいます．したがって，**図 4-16** の**(a)**のような保護回路は帰還抵抗R_fが10MΩ以下の場合に勧められる方法です．

信号電流がより小さい場合の保護回路は，ダイオードの代わりに **JFET をダイオード接続**して使用します．これを**図 4-16** の**(b)**に示します．JFETをダイオード接続するにはソースとドレインをたんにつなぐだけです．

〈**図 4-16**〉*I-V* **変換回路などへの入力保護回路②**

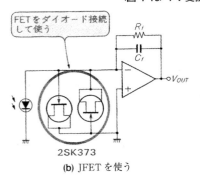

2SK373

(b) JFET を使う

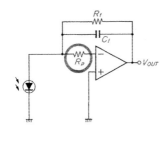

(c) 抵抗を使う

〈**図 4-17**〉汎用ダイオード 1S1588 の特性とバイアスによる内部抵抗の変化	

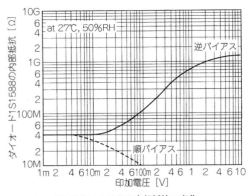

逆耐圧	30 Vmax
逆電流	0.5 μAmax ($V_R = 30$ V)
端子間容量	3 pFmax ($V_R = 0$)
順方向電圧	1.3 Vmax ($I_F = 100$ mA)
平均整流電流	120mA max

(a) 1S1588 の特性

(b) バイアスによる内部抵抗の変化

〈表 4-3〉 汎用 JFET 2SK373GR の特性

ゲートしゃ断電流（I_{GSS}）	1 n A$_{max}$（V_R＝80V）
ゲートドレイン間降伏電圧	−100 V$_{min}$
順方向アドミタンス	4.6mS
入力容量	13 pF
帰還容量	3 pF

表 4-3 によく使う JFET 2SK373 の仕様を示します．80 V の逆電圧のとき 1 nA(max)
のリーク電流なので 80 GΩ 以上の内部抵抗になり，1S1588 と比べると 1000 倍にもなりま
す．しかもモールドされていますから，1S1588 よりは光に鈍感です．しかし，場合によ
ってはしゃ光が必要です．

扱う周波数が低くて信号電流が大きいときは，**図 4-16** の(c)のように抵抗 R_P を付ける
のがもっとも安上がりです．R_P の値を 10 kΩ 以上にしておけばたいていの場合大丈夫で
すが，OP アンプの入力容量とでポールを作ってしまうのであまり R_P の値を大きくしな
いほうがよいでしょう．

44 ╱ I-V 変換回路の信号線には低雑音同軸ケーブルを使う

光センサなどからの微小電流信号を増幅する場合，通常は *I-V* 変換回路を使用します．
このとき，センサとアンプとの距離が最短距離(数 cm)で配線できるなら良いのですが，
場合によっては何 m も離す場合があります．

このとき，人が歩くたびに測定値がおかしいとか，外を車が走るたびに誤動作するとか
いうことを経験することがあります．これは**振動**によってセンサとアンプをつないでいる
ケーブルが動き，その摩擦によって電荷が発生(**摩擦電気効果**)しノイズ電流に化けてしま
ったからなのです．

ケーブルからノイズが発生するなど考えにくいことですが，微小信号回路では現実的な
問題です．このようなときは，ノイズ電流を小さくした**低雑音同軸ケーブル**を使います．

表 4-4 に代表的な低雑音同軸ケーブルの例を示します．このケーブルは内部絶縁体と
外部導体との間に半導電体層を設けたことが特徴です．通常の同軸ケーブルに比べて
1/10 〜 1/100 に雑音を軽減することができます．

非常に効果がありますから，一度使ってみることをお勧めします．**写真4-2**に低雑音同軸ケーブルの外観を示しておきます．

〈**表4-4**〉**低雑音同軸ケーブルの特性**(潤工社)

（a）　内部構造

型　名	雑音電荷[1] (pC)	静電容量 (pF/m)	特性インピーダンス (Ω)	仕上がり外形(mm)
DFL005	2 (max)	130	45	1.2
DFL010		85	60	1.5
DFL011		85	60	1.5
DFL020		85	60	2.0
DFL021		85	60	2.1
DFL030	2 (max)	75	70	2.3
DTL020		110	55	2.0
DTL030		80	70	2.3

(1):振幅5 mm, $f = 20$ Hz の振動を加えたときケーブル内で発生する雑音電荷量

(b) 電気的特性

〈**写真4-2**〉
低雑音同軸ケーブルの外観

45 / I-V変換回路のノイズ電圧の計算のしかた

*I-V*変換回路を作るときは，その回路の概略のノイズ電圧もしっかり計算しておく必要があります．というのは，帰還回路に使用する抵抗値が，一般には非常に大きな値になるからです．

ノイズ電圧の計算方法を**図4-18**に示します．この図からノイズ発生源には，

① OPアンプの**ノイズ電圧密度**；E_N(nV/$\sqrt{\text{Hz}}$)

② 抵抗R_fとOPアンプの**ノイズ電流密度**による電圧降下；$E_I = I_N \cdot R_f$

③ 抵抗 R_f の**熱雑音**； $E_R = \dfrac{\sqrt{R}}{8}$ （nV/$\sqrt{\text{Hz}}$）

の三つがあることがわかります.

たとえば OP アンプに **AD711J** を使用して $R_f = 10\,\text{M}\Omega$ にすると，各ノイズ電圧密度は**図 4-18** から，

$$E_N = 18\,\text{nV}/\sqrt{\text{Hz}}$$
$$E_I = 100\,\text{nV}/\sqrt{\text{Hz}}$$
$$E_R = 400\,\text{nV}/\sqrt{\text{Hz}}$$

になります．したがってトータルでは，

$$E_{NT} = \sqrt{E_N{}^2 + E_I{}^2 + E_R{}^2}$$
$$= \sqrt{18^2 + 100^2 + 400^2}$$
$$= 413\,\text{nV}/\sqrt{\text{Hz}}$$

になります．

ここで周波数帯域を $BW = 100\,\text{Hz}$ とすると，出力ノイズ電圧 V_{OUT} は，

$$V_{OUT} = E_{NT} \times G_N \times \sqrt{BW}$$
$$= 413\,\text{nV}/\sqrt{\text{Hz}} \times 1 \times \sqrt{100\text{Hz}}$$
$$= 4.13\,\mu\text{V}_{\text{RMS}}$$

になります．

以上のことから，*I-V* 変換回路ではほとんど抵抗 R_f の値によってノイズで決まること

〈**図 4-18**〉*I-V* 変換回路のノイズ電圧の求め方

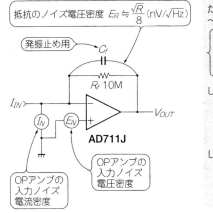

抵抗のノイズ電圧密度 $E_R \fallingdotseq \dfrac{\sqrt{R}}{8}$ (nV/$\sqrt{\text{Hz}}$)

発振止め用　C_f

R_f 10M

I_{IN}　I_N　E_N　V_{OUT}

AD711J

OP アンプの入力ノイズ電流密度

OP アンプの入力ノイズ電圧密度

たとえば AD711J では，$R_f = 10\text{M}\Omega$，周波数帯域 $BW = \text{DC} \sim 100\text{Hz}$ すると，

$$\begin{cases} E_N = 18\text{nV}/\sqrt{\text{Hz}} \\ E_I = I_N \times R_f = 0.01\text{pA}/\sqrt{\text{Hz}} \times 10\text{M}\Omega = 100\text{nV}/\sqrt{\text{Hz}} \\ E_R \fallingdotseq \dfrac{\sqrt{10\text{M}\Omega}}{8} = 400\text{nV}/\sqrt{\text{Hz}} \end{cases}$$

したがって，トータルの入力ノイズ電圧密度 E_{NT} は，

$$E_{NT} = \sqrt{E_N{}^2 + E_I{}^2 + E_R{}^2}$$
$$= \sqrt{18^2 + 100^2 + 400^2}$$
$$\fallingdotseq 413\text{nV}/\sqrt{\text{Hz}}$$

したがって，出力ノイズ電圧 V_{OUT} は，

$$V_{OUT} = E_{NT} \times G_N \times \sqrt{BW}$$
$$= 413\text{nV}/\sqrt{\text{Hz}} \times 1 \times \sqrt{100}$$
$$= 4.13\,\mu\text{V}_{\text{RMS}}$$

がわかります．もちろん，R_fが大きいということは出力電圧も大きくなるということなので，R_fを小さくすることはS/Nの点からは得策ではありません．なぜならR_fのノイズNは$\sqrt{}$に比例するけれど，信号SはR_fに比例するからです．したがって，R_fはできるだけ大きくしておくのが大切です．

　一般に微小信号回路では，周波数帯域BWを1kHzまで広くとるということは少なく，DC～10Hzとか100Hzのように帯域制限して使うので，I-V変換回路の場合はアンプのノイズで困るということは少ないと思います．それよりも，センサのリーク電流などによるDCオフセット電圧変動のほうがS/Nをはるかに悪くします．

46 / I-V変換回路では帰還抵抗 R_f の値を できるだけ大きくする

　図4-19にI-V変換回路の例を示しますが，この回路では入力電流が小さくなるにつれて帰還抵抗R_fの値を大きくしなければなりません．

　たとえば$R_f = 1\mathrm{G}\Omega$に設定すると，図(**a**)のように1V/1nAの電流感度になります．ところが1GΩという高抵抗は値段も高く，物にもよりますが数百円～数千円します．

　そこで図(**b**)のように，**T型帰還回路**と呼ばれるR_fの抵抗値を下げる回路が考えられま

〈図 4-19〉
T型帰還回路は安易に使用しない

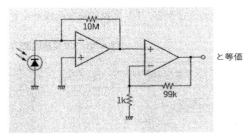

と等価

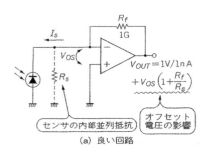

(a) 良い回路

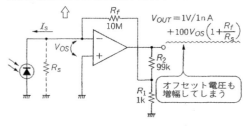

(b) 悪い回路（T型帰還回路）

した．図(**b**)の回路では R_f = 10 MΩなのに，図(**a**)と同じく1 V/1 nA の電流感度が得られています．10 MΩの抵抗値なら値段も1桁以上は安くなります．「これは良い回路だ」と早合点しないでください．やはり落し穴があるのです．

じつは図(**b**)の回路は，図中にも示しているように，帰還抵抗 R_f = 10 MΩの *I-V* 変換回路とゲイン100倍の非反転アンプと等価なのです．ということは，オフセット電圧を含めてみんな100倍になってしまうので，*S/N* の点では100倍悪くなってしまうのです．

ということで，できるだけ *I-V* 変換回路だけで必要な出力が得られるように，帰還抵抗の値は大きくしてください．お金に代えられない高性能な回路が得られます．**表 4-5** に計測用に使用する高抵抗器の例を示しておきます．

〈表 4-5〉*I-V* 変換に使用できる高精度の高抵抗器

型　名	抵抗値範囲(MΩ)	温度係数(ppm/℃)	抵抗値精度(%)	メーカ
TH60	1.1 〜 10	100/200	1 〜 5	タイセイ・オーム
GS1/4	0.5 〜 100	100/200	1 〜 5	多摩電気工業
HM1/4	0.5 〜 4000	300 〜 800	1 〜 5	理研電具製造
RH1/4HV	0.01 〜 1000	25 〜 200	0.1 〜 10	日本ヒドラジン工業
RNX1/4	1 k 〜 100	200	0.1 〜 10	日本ビシェイ

〈**高精度高抵抗器の外観例**(日本ヒドラジン工業㈱)〉

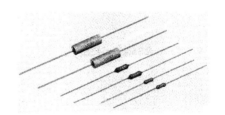

47 / 高精度 OP アンプを使用した *I-V* 変換回路

何度も登場しますが，*I-V* 変換回路の基本は**図 4-20**(**a**)のようになります．この回路の出力電圧 V_{OUT} は，

$$V_{OUT} = I_S \cdot R_f \qquad\qquad (7)$$

で示されます．

　具体的には，フォト・ダイオードの光電流を測定する照度計などでは，図(**b**)のように
なります．たとえばフォト・ダイオードに BS500B(シャープ)を使用すると，**図4-21**か
ら，このセンサの感度は 0.55 μA/100 lx ですから，R_f = 180 kΩ にすると 1 mV/lx の出
力が得られます．

　OPアンプには入力バイアス電流の小さな FET 入力タイプが適していますが，光セン
サの面積が大きいときは，センサの内部抵抗が小さくなるので，オフセット電圧の小さな
OPアンプが必要になります．OPアンプにゼロ調整を付けてもよいのですが，できれば
調整レスにして信頼性を上げたいところです．

　センサ入力が 50ch とか 100ch あって，多くの信号を処理する場合はとくにそうです．

〈**図4-20**〉
実際の光センサ用 *I-V*
変換回路

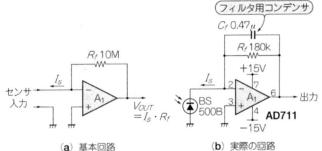

（a）基本回路　　　　　　　　（b）実際の回路

〈**図4-21**〉
フォト・ダイオード **BS500B の特性**

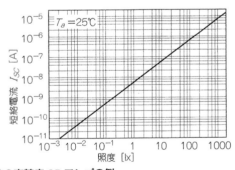

〈**表4-6**〉低入力電流の高精度 OP アンプの例

型　名	回路数	入力オフセット 電圧(mV)		ドリフト (μV/℃)		入力バイアス 電流(A)		GB積 (MHz)	スルー レート (V/μs)	動作 電圧	動作 電流	メーカ
		typ	max	typ	max	typ	max	typ	typ	(V)	(mA)	
AD705J	1	0.03	0.09	0.2	1.2	60p	150p	0.8	0.15	±2-18	0.38	AD
OP97F	1	0.03	0.075	0.3	2	30p	150p	0.9	0.15	±2.5-20	0.4	AD

こういうときは FET 入力 OP アンプを使用するよりも，低入力バイアス電流の**高精度 OP アンプ**を使用することをお勧めします．

表 4-6 に低入力電流の高精度 OP アンプの特性を示します．**OP97F** では入力バイアス電流が 30 pA(typ)程度ですから，センサ電流は nA オーダは欲しいところです．その代わりに入力オフセット電圧は 30 μV(typ)と非常に小さくなっています．

また，この OP97F は ± 2 V@25 ℃から動作し，電源電流が 400 μA と小さかったので，以前バッテリ動作の *I-V* 変換回路に使用したことがありました．さすがオフセット電圧が小さくて，ゼロ点調整を省略できて非常に助かりました．

一般に *I-V* 変換回路 = 微小電流回路 = FET 入力 OP アンプと思いがちですが，用途によっては高精度 OP アンプのほうが良い場合があるので注意しておいてください．

48／微小電流回路では静電結合ノイズに注意した対策を行う

微小電流回路では扱う電流が μA 以下ですから，当然のことながらアンプの入力抵抗は MΩ とか GΩ といった，かなり大きな値になっています．そのため実際の製作では外来ノイズ，とくに静電結合によるノイズに注意が必要です．ここでは実際の電荷増幅器…**チャージ・アンプ**で生じたノイズ・トラブルとその対策について紹介します．

電源回路からのノイズは通常「**ハム**」と呼ばれているものがポピュラです．ハムは電磁結合による雑音なので，オーディオなどで使用される微小信号アンプではよく発生します．トランスから漏れてくる 50 Hz あるいは 60 Hz の漏れ磁束が原因の場合が多く，これが高ゲイン・アンプの入力に漏れると起電力を発生します．微小電流回路では電磁結合ではありませんが，静電結合によるノイズを発生する場合があります．

図 4-22 はチャージ・アンプ回路の実際例です．レコーダなどで記録できるように，簡単な**ピーク・ホールド回路**が付いています．ピーク・ホールド回路というのは，**図 4-23** に示すようにセンサからの入力パルスのピーク値を DC 的にホールドするための回路ですが，ホールドしっぱなしでは次のパルスを捉えることができないので，実際にはいくらかの時定数をもたせて減衰するようになっています．時定数は 1 秒当たりの入力パルス数で決まりますが，この例ではパルス・レートが数パルス/秒と低かったので，レコーダの応答性を考慮して 0.1 秒にしています．

図 4-22 では難しいところもなかったので，そのままケースに収めて特性をとってみました．するとどうでしょうか．入力にセンサをつながないのにピーク・ホールドされた出

〈図4-22〉ピーク・ホールド回路付きチャージ・アンプの構成

CS507は Si 半導体センサ用のチャージ・アンプ IC で，帰還容量 C_i と帰還抵抗 R_i はそれぞれ1 pF と1 GΩに設定されている．テスト入力用の1 pF のコンデンサ，ターミネーション用の50 Ωの抵抗や外付け FET 電流設定用ピンなども用意されている．12 ピン・シングル・インライン・パッケージのハイブリッド IC.

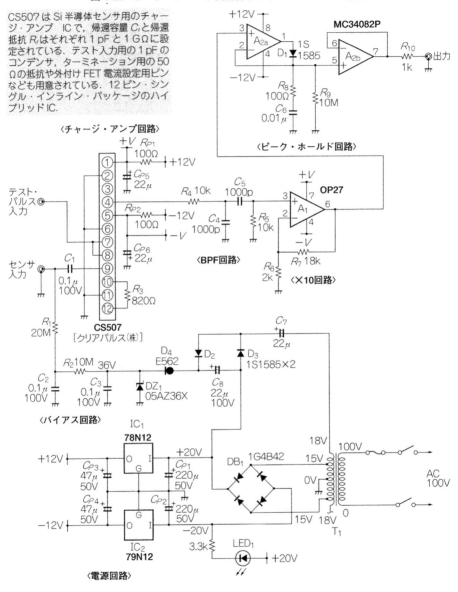

〈チャージ・アンプ回路〉

〈ピーク・ホールド回路〉

〈BPF回路〉

〈×10回路〉

CS507
［クリアパルス㈱］

〈バイアス回路〉

〈電源回路〉

力が**図 4-24** のように出てくるのです．最初は「入力コネクタをオープンにしているせい
かな？」と思い，コネクタ部に蓋をしてみましたが効果がありません．

そこでオシロスコープの同期モードを LINE(AC50/60Hz に同期させるモード)にして
みると，同期がきれいにかかります．ということは，電源回路が原因のようです．試しに
センサ入力をコネクタから外して，電源回路のほうへもってくるとノイズが大きく現れま
した．整流回路に使っているダイオードが ON/OFF するたびに商用周波数(50 Hz または
60 Hz)のノイズを空中に放出し，それをセンサ入力(入力インピーダンスが非常に高い)が
拾っていたのです．

シリーズ・レギュレータでも整流ダイオードは ON/OFF しているので，そのたびに平
滑用コンデンサには大きな電流が流れています．しかも，この例では電源とチャージ・ア
ンプが同じケース内ということもあって，センサ入力とコネクタ間は通常のリード線で配
線していました．

原因がわかればトラブルに対する対策は比較的簡単です．静電結合によるノイズは**シー
ルド**が効果的だからです．

たとえば，電源回路とセンサ入力間に**図 4-25(a)**のようにアルミか銅のシールド板を挿
入すれば解決できます．この例でもシールド板を挿入することで，ノイズを問題ない値ま
で小さくできました(シールド板は GND に接続)．

もう一つの方法は，アンプ入力とコネクタ間をシールド線で配線することです．このと
きは図(**b**)のように，露出部をできるだけ少なくします．

もちろんノイズの原因を完全に消すために，電源回路を外付けにする方法もあります．

〈図 4-23〉
ピーク・ホールド回路の役目

〈図 4-24〉
出力波形にノイズが乗っている

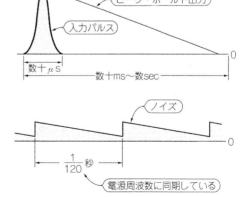

〈図4-25〉ノイズ問題の解決策

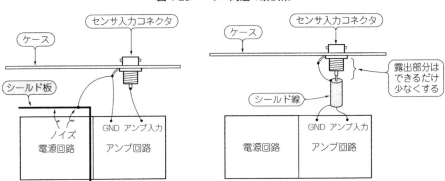

(**a**) シールド板を立てる　　　　　　　　　　(**b**) シールド線を使用する

〈図4-26〉シールドの効果

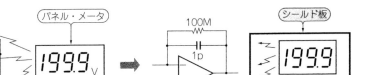

(**a**) パネル・メータから飛んでくるノイズ　　　　(**b**) シールド板で囲む

これならノイズに悩まされることもありません.

　静電シールドの例をもう一つ紹介します. 先のピーク・ホールド回路の代わりに, セン サに印加するバイアス電圧モニタ用のディジタル・パネル・メータを付けることがありま す. この場合はディジタル・パネル・メータからの放射ノイズに注意します. ディジタ ル・パネル・メータ内には A-D コンバータや場合によっては CPU などのディジタル回路 が入っています. したがって, スイッチング・ノイズのような高周波ノイズが空中に大量 に放出されます.

　このようなときもシールドで除去することが可能です. たとえば**図4-26**のように, ディ ジタル・パネル・メータをシールド板で完全に囲むとほとんど問題ない値までノイズを 除去できます. ノイズが比較的小さければ, シールド板だけでも効果があります.

　このように, 微小電流回路では静電結合による外来ノイズのトラブルが発生しやすいの ですが, 多くはシールドという方法で除去あるいは軽減することができます.

第5章
ロー・ノイズ OP アンプ回路
実践ノウハウ

49 / ロー・ノイズ回路はノイズの周波数特性に注意する

　第3章で紹介した高精度 OP アンプでは，とくに DC 付近の信号を増幅するのが目的でしたから，低周波ノイズすなわち 0.1 ～ 10 Hz のノイズが小さいことが重要でした．しかし，センサあるいは信号の種類によっては，低周波からビデオ帯域まで広帯域にわたってノイズが小さいことを要求されることがあります．そんなときに使用するのが**ロー・ノイズ OP アンプ**です．

　以前はロー・ノイズ OP アンプというと，**表 5-1** に示す **OP27** や **OP37** が代表的でした（**OP37** は **OP27** の位相補償を少なくしたタイプ．5 倍以上のゲインで使用）．3.2 nV/√Hz という入力雑音電圧密度は，**OP27** が発売された当時は驚嘆の的でしたが，最近の OP アンプは**表 5-2** のように 1 nV/√Hz を切っているのでちょっと見劣りしてしまいます．

　ロー・ノイズ OP アンプの新製品はあまり登場しませんが，それでも**表 5-2** のように特徴ある OP アンプがあります．

〈表 5-1〉従来からのロー・ノイズ OP アンプ

型　名	回路数	入力オフセット電圧(mV)		ドリフト(μV/℃)		入力バイアス電流(A)		GB積(Hz)	スルーレート(V/μs)	動作電圧(V)	動作電流(mA)	メーカ	入力雑音電圧(nV/√Hz)@1kHz
		typ	max	typ	max	typ	max	typ	typ	(V)	(mA)		
OP27G	1	0.03	0.1	0.4	1.8	15n		8	2.8	±4-18	3	AD	3.2
OP37G	1	0.03	0.1	0.4	1.8	15n		63	17	±4-18	3	AD	3.2

　オーディオ用に開発された **LT1028** は，入力雑音電圧密度が $1\,\mathrm{nV}/\sqrt{\mathrm{Hz}}$ を切った OP アンプとして注目を浴びました．ところがこの OP アンプのカタログを見ると，**図5-1** のように 1 kHz までのノイズ特性しか記載されていません．そこで実際にノイズを測定してみると，**図5-2** のように高周波(10 kHz 以上)ではかなりノイズが大きくなることがわかりました．

　このような現象は **LT1028** に限ったことではなく，他の OP アンプのノイズを測定しても，ほとんどの OP アンプは高周波でノイズが増加します．この事実から，**LT1028** はオーディオ帯でこそ使用できるロー・ノイズ OP アンプと言えます．

　ノイズ特性を広帯域にわたって規定した OP アンプが **AD797A** です．**AD797A** はノイズ特性を 10 Hz ～ 10 MHz にわたって記載しています．**図5-2** に **AD797A** のノイズ特性を載せていますが，広帯域にわたってロー・ノイズ特性を維持しているのがわかります．また，ロー・ノイズ OP アンプとして大切な *GB* 積も 110 MHz もあり，DC から使える OP アンプということができます．

　AD829 はノイズは $2\,\mathrm{nV}/\sqrt{\mathrm{Hz}}$ とやや大きくなっていますが，そのぶん *GB* 積が 750 MHz と大きくなっています．ただし，ゲインが 20 以下では外部で位相補償が必要です(高ゲイン向きです)．

〈表5-2〉 **最近のロー・ノイズ OP アンプ**

型　名	回路数	入力オフセット電圧(mV)		ドリフト(μV/℃)		入力バイアス電流(A)		GB積(MHz)	スルーレート(V/μs)	動作電圧	動作電流	メーカ	特徴	入力雑音電圧(nV/$\sqrt{\mathrm{Hz}}$)@1 kHz
		typ	max	typ	max	typ	max	typ	typ	(V)	(mA)			
AD797A	1	0.025	0.08	0.2	1	250n		110	20	±5-18	8.2	AD		0.9
AD829J	1	0.2	1	0.3		3.3μ		750	230	±4.5-18	5.3	AD		2
LT1028C	1	0.02	0.08	0.2	1	30n		75	15	±4.5-18	7.6	LT		0.9
CLC425	1	0.1	0.8	2	8	12μ		1700	350	±5	15	CL		1.05

(a) バイポーラ入力

型　名	回路数	入力オフセット電圧(mV)		ドリフト(μV/℃)		入力バイアス電流(A)		GB積(MHz)	スルーレート(V/μs)	動作電圧	動作電流	メーカ	特徴	入力雑音電圧(nV/$\sqrt{\mathrm{Hz}}$)@1 kHz
		typ	max	typ	max	typ	max	typ	typ	(V)	(mA)			
AD743J	1	0.25	1	2		150p		4.5	2.8	±4.8-18	8.1	AD		2.9
AD745J	1	0.25	1	2		150p		20	12.5	±4.8-18	8	AD		2.9
OPA627A	1	0.13	0.25	1.2	2	2p		16	55	±4.8-18	7	BB		4.8
OPA637A	1	0.13	25	1.2	2	2p		80	135	±4.8-18	7	BB		4.8

(b) FET 入力

品種は少ないのですが，JFET 入力のものも市販されています．**図 5-3** に **AD745** のノイズ特性を示します．2.9 nV/$\sqrt{\mathrm{Hz}}$(10 kHz)とバイポーラ入力に比べるとやや大きいものの，JFET 入力タイプとしては十分小さな値です．

OPA627/OPA637 は，**OP27/OP37** の JFET 版といったところです．**OPA627** はユニティ・ゲインで，**OPA637** は 5 以上のゲインで使用します．*GB* 積も大きく，それぞれ 16 MHz，80 MHz になっています．

MOS FET 入力タイプは 1/f ノイズが大きいためか，現在のところ市販されている例を知りません．

〈図 5-1〉代表的なロー・ノイズ OP
　　　　　アンプ **LT1028** のノイズ特性

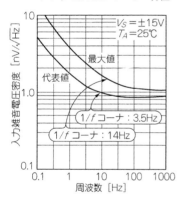

〈図 5-2〉ロー・ノイズ OP アンプのノイズ特性の帯域
　　　　　を広げると

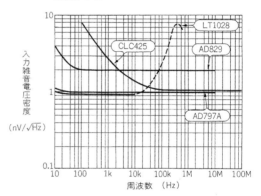

〈図 5-3〉
ロー・ノイズ OP アンプ **AD745** のノイズ特性

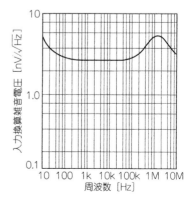

50 ／ ノイズ電圧の計算…抵抗値の定数決定がポイント

ロー・ノイズ・アンプを作るときは，回路の概略のノイズ電圧を計算しておくことが重要です．

OP アンプ回路のノイズ電圧の計算方法を**図 5-4** に示します．OP アンプの広帯域ノイズは**ノイズ電圧密度**という 1 Hz 当たりのノイズ電圧で表しますから，とにかくすべての入力ノイズ電圧密度を計算してから，あとで周波数およびゲインを掛けるようにします．

図 5-4 からノイズ発生源には，

① OP アンプのノイズ電圧密度；E_N (nV/$\sqrt{\text{Hz}}$)

② 抵抗と OP アンプのノイズ電流による電圧降下；$E_I = I_N \times R$

③ 抵抗 R の熱雑音；$E_R = \sqrt{R}/8$(nV/$\sqrt{\text{Hz}}$)

〈図 5-4〉OP アンプのノイズ電圧の求め方

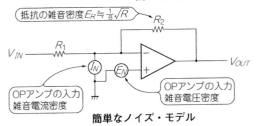

抵抗の雑音密度 $E_R \fallingdotseq \frac{1}{8}\sqrt{R}$

OPアンプの入力雑音電流密度

OPアンプの入力雑音電圧密度

簡単なノイズ・モデル

OPアンプの広帯域雑音は雑音密度つまり1 Hz帯域での雑音で表すので，実際の値を求めるにはとにかくすべての入力雑音密度を計算してから，あとで周波数とゲインをかけることになる．そのあとで各雑音のトータルを計算する．

[例1] たとえば，**LT1028**では，$R_1 = 1$ kΩ，$R_2 = 100$ kΩ，周波数帯域 $BW = $ DC～1000 Hzとすると，

$$E_N \fallingdotseq 0.9 \text{ nV}/\sqrt{\text{Hz}}$$
$$E_I = I_N (R_1 /\!/ R_2) \fallingdotseq 1 \text{ pA}/\sqrt{\text{Hz}} \times 1 \text{ k}\Omega = 1 \text{ nV}/\sqrt{\text{Hz}}$$
$$E_R \fallingdotseq \frac{1}{8}\sqrt{R_1 /\!/ R_2} \fallingdotseq \frac{1}{8}\sqrt{1000} \ \Omega = 4 \text{ nV}/\sqrt{\text{Hz}}$$

したがってトータルの入力雑音電圧密度 E_{NT} は，

$$E_{NT} = \sqrt{E_N{}^2 + E_I{}^2 + E_R{}^2}$$
$$= \sqrt{0.9^2 + 1^2 + 4^2}$$
$$\fallingdotseq 4.2 \text{ nV}/\sqrt{\text{Hz}}$$

したがって，出力雑音電圧 V_{OUT} は，

$$V_{OUT} = E_{NT} \times G_N \times \sqrt{BW}$$
$$= 4.2 \text{ nV}/\sqrt{\text{Hz}} \times 101 \times \sqrt{1000 \text{ Hz}}$$
$$\fallingdotseq 13 \ \mu V_{RMS}$$

[例2] $R_1 = 100$ Ω，$R_2 = 10$ kΩにすると，

$$E_N \fallingdotseq 0.9 \text{ nV}/\sqrt{\text{Hz}}$$
$$E_I = 1 \text{ pA}/\sqrt{\text{Hz}} \times 100 \ \Omega = 0.1 \text{ nV}/\sqrt{\text{Hz}}$$
$$E_R \fallingdotseq \frac{1}{8}\sqrt{100} \ \Omega = 1.25 \text{ nV}/\sqrt{\text{Hz}}$$
$$E_{NT} = \sqrt{0.9^2 + 0.1^2 + 1.25^2}$$
$$\fallingdotseq 1.54 \text{ nV}/\sqrt{\text{Hz}}$$

したがって，出力雑音電圧 V_{OUT} は，

$$V_{OUT} = 1.54 \text{ nV}/\sqrt{\text{Hz}} \times 101 \times \sqrt{1000 \text{ Hz}}$$
$$\fallingdotseq 4.9 \ \mu V_{RMS}$$

の三つがあることがわかります. この三つのノイズ電圧が求まれば，次式でトータルの入力ノイズ電圧密度 E_{NT} を求めることができます.

$$E_{NT} = \sqrt{E_N^2 + E_I^2 + E_R^2} \quad \cdots\cdots\cdots\cdots\cdots\cdots\cdots\cdots\cdots\cdots\cdots\cdots\cdots\cdots (1)$$

たとえば図 5-4 の**[例 1]**では，OP アンプに **LT1028** を使用し，$R_1 = 1\,\mathrm{k\Omega}$，$R_2 = 100\,\mathrm{k\Omega}$ で 100 倍のアンプを構成しています. このアンプの各ノイズ電圧密度は図 **5-4** より，

$$E_N = 0.9\,\mathrm{nV}/\sqrt{\mathrm{Hz}}$$

$$E_I = 1\,\mathrm{nV}/\sqrt{\mathrm{Hz}}$$

$$E_R = 4\,\mathrm{nV}/\sqrt{\mathrm{Hz}}$$

になります. したがって，トータルのノイズ電圧密度 E_{NT} は(1)式から，

$$E_{NT} = \sqrt{0.9^2 + 1^2 + 4^2} = 4.2\,\mathrm{nV}/\sqrt{\mathrm{Hz}} \quad \cdots\cdots\cdots\cdots\cdots\cdots\cdots\cdots(2)$$

になります. 周波数帯域を $BW = 1\,\mathrm{kHz}$ とすると，出力ノイズ電圧 V_{OUT} は，

$$V_{OUT} = E_{NT} \times G_N \times \sqrt{BW}$$
$$= 4.2 \times 101 \times \sqrt{1000} = 13\,\mu\mathrm{V_{RMS}}$$

になります.

ところで図 5-4 の**[例 2]**では，同じ OP アンプを使用したのに，$R_1 = 100\,\Omega$，$R_2 = 10\,\mathrm{k\Omega}$ とするだけで，出力ノイズ電圧は $V_{OUT} = 4.9\,\mu\mathrm{V_{RMS}}$ となります. なんとさっき計算した値の 1/2 以下です. この差はどうして生じたのでしょうか？

これは OP アンプのノイズ電圧密度を考えてみれば容易にわかります. すなわち **LT1028** の E_N は $0.9\,\mathrm{nV}/\sqrt{\mathrm{Hz}}$ でした. わかりやすいように，これを等価なノイズをもつ抵抗(これを**等価雑音抵抗**という)で表すと，$E_R = \sqrt{R}/8$ から $R = 52\,\Omega$ が求まります. また(1)式より，トータルのノイズ電圧は各ノイズの 2 乗平均であることから，一つの雑音が大きいといくらほかの雑音が小さくてもトータルでは小さくはなりません.

[例 1]の場合は，R_1 の抵抗値が $1\,\mathrm{k\Omega}$ と OP アンプの等価雑音抵抗 $52\,\Omega$ に比べて非常に大きかったため，トータルのノイズ電圧では R_1 のノイズが支配的になってしまったのです.

いっぽう**[例 2]**では，$R_1 = 100\,\Omega$ と小さくしたためバランスが良くなって，トータルのノイズ電圧が小さくなったのです.

しかし，これでも **LT1028** のロー・ノイズ特性を十分活かしているとは言えません. **LT1028** のロー・ノイズ特性を本当に活かすなら，R_1 を $50\,\Omega$ 以下にするべきでしょう(こんな応用は本当にまれですが).

このように，ノイズは周辺部品と OP アンプを上手にマッチさせると，コスト・パフォーマンスの良い回路が設計できます.

51 ╱ CR 並列回路のノイズは合成インピーダンスの抵抗成分で計算する

図 5-5 の回路を見てください．図(**a**)は *I-V* 変換回路で，図(**b**)はチャージ・アンプ回路の例です．どちらも *CR* 並列回路が帰還回路についていますが，このような回路のノイズはどのように計算するのでしょうか．

通常コンデンサはノイズを出しません．ノイズを出すのは抵抗成分だけですから，*CR* 回路の場合も *CR* 合成インピーダンスのうちの抵抗成分から計算できます．*CR* 並列回路の合成インピーダンス Z は，

$$Z = 1/\{(1/R) + j\omega C\}$$
$$= R/(1 + j\omega CR)$$
$$= R/\{1 + (\omega CR)^2\} - j\omega CR^2/\{1 + (\omega CR)^2\} \quad\cdots\cdots\cdots\cdots\cdots\cdots(3)$$

です．(3)式の実数部が抵抗成分です．したがって，*CR* 並列回路の等価抵抗 R_x は，

$$R_x = R/\{1 + (\omega CR)^2\} \quad\cdots\cdots\cdots\cdots\cdots\cdots\cdots\cdots\cdots\cdots\cdots\cdots(4)$$

で表されます．

図 5-6 は $C = 1\,\mathrm{pF}$，$R = 10\,\mathrm{M\Omega}$ のときの R_x の周波数特性です．DC のときはコンデンサのインピーダンスは∞なので，$R_x = 10\,\mathrm{M\Omega}$ ということは容易に想像がつきます．

$$f_c = 1/2\,\pi\,CR \quad\cdots\cdots\cdots\cdots\cdots\cdots\cdots\cdots\cdots\cdots\cdots\cdots\cdots\cdots\cdots\cdots(5)$$
$$= 16\,\mathrm{kHz}$$

のとき，(4)式より R_x を計算すると $R_x = 5\,\mathrm{M\Omega}$ と DC の半分になっています．そして周波数が高くなるほど R_x は小さくなっています．図よりコンデンサ C の値を大きくするほどノイズは小さくなりますが，同時に信号周波数帯域も狭くなってしまうので，C の値は必

〈図 5-5〉 *CR* 複合回路のノイズを計算すると

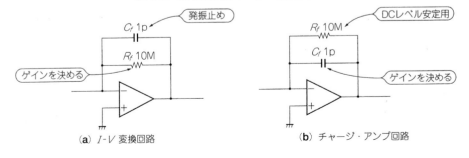

(**a**) *I-V* 変換回路　　　　　(**b**) チャージ・アンプ回路

要な信号帯域で決められることになります.

ところが,チャージ・アンプでは数 kHz 以上の周波数成分が重要になります.**図 5-7** は $C = 1\,\mathrm{pF}$, $R = 100\,\mathrm{M\Omega}$ のときのノイズ特性です.DC 付近のノイズは**図 5-6** と比べると $\sqrt{10} = 3.16$ 倍になっています.これは DC では $R_x = 100\,\mathrm{M\Omega}$ なので当たり前です.

大事なところは,20 kHz 以上の周波数です.たとえば 60 kHz において,**図 5-6** では $102\,\mathrm{nV/\sqrt{Hz}}$ のノイズ電圧密度なのに,**図 5-7** では $33\,\mathrm{nV/\sqrt{Hz}}$ と逆に小さくなっています.ということは,チャージ・アンプでは帰還抵抗 R_f の値を大きくすればするほど S/N が良くなるということです.そのため,R_f には $1\,\mathrm{G\Omega}$ とか $1\,\mathrm{T\Omega}$ とか気の遠くなるような高い抵抗値のものが使用されるのです.

究極には光帰還型といって,帰還抵抗 R_f を付けないチャージ・アンプ回路があります.それではいずれ飽和すると誰でも想像するでしょうが,飽和しそうになると初段の FET をリセットして最初の動作に戻します.リセットの間は回路はデッドになりますが,もっとも高い S/N が得られます.

〈図 5-6〉1pF//10 MΩ 並列時のノイズ特性

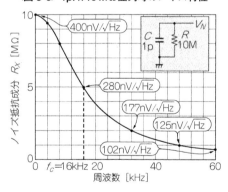

〈図 5-7〉1pF//100 MΩ 並列時のノイズ特性

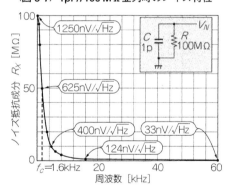

---

52 / 並列接続でノイズを小さくする方法

究極までアンプのノイズを小さくしたいときは,**図 5-8** に示すようにトランジスタあるいは FET を並列接続する方法があります.たとえばトランジスタを N 個並列にすると,ノイズ電圧は $1/\sqrt{N}$ に小さくなります.

FET のときも同じです.ただし注意して欲しいのは,N 個のトランジスタが同じ程度

〈図 5-8〉トランジスタや FET を並列接続してロー・ノイズ化する

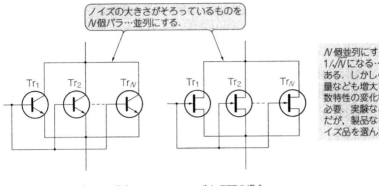

ノイズの大きさがそろっているものを
*N*個パラ…並列にする.

*N*個並列にするとノイズは
$1/\sqrt{N}$になる…これが基本で
ある.しかし付随する入力容
量なども増大するので,周波
数特性の変化などには注意が
必要.実験などには使える手
だが,製品などではロー・ノ
イズ品を選んだほうが効果的.

(**a**) トランジスタの場合 (**b**) FETの場合

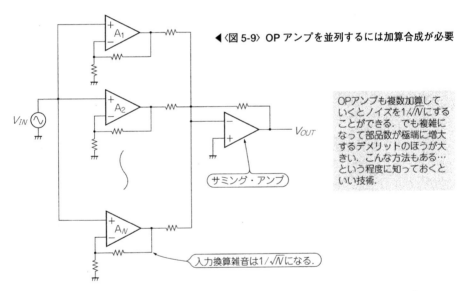

◀〈図 5-9〉OP アンプを並列するには加算合成が必要

サミング・アンプ

OPアンプも複数加算して
いくとノイズを$1/\sqrt{N}$にする
ことができる.でも複雑に
なって部品数が極端に増大
するデメリットのほうが大
きい.こんな方法もある…
という程度に知っておくと
いい技術.

入力換算雑音は$1/\sqrt{N}$になる.

のノイズであることが重要です.*N*個の中に1個でもノイズが大きいものが混ざってい
ると,ノイズは2乗平均ですから大きいノイズのほうに引っ張られてしまい小さくはなり
ません.

　逆に*N*個の中に1個だけすばらしくノイズの小さいものが入っていれば,*N*個並列に
しないでその1個だけを使ったほうがはるかにましです.したがって,図の方法はノイズ
の選別が必要になりますが覚えておくと便利です.

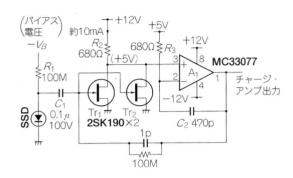

〈図5-10〉
ロー・ノイズ・チャージ・
アンプ回路

なお，OP アンプを並列接続しようとすると，トランジスタや FET のように簡単ではありません．**図5-9** に示すように加算回路で合成することになります．

筆者の場合はチャージ・アンプの初段 FET を2, 3個の並列接続で使用した経験があります．**図5-10** に，ロー・ノイズ・チャージ・アンプ回路を示します．FET を2個並列に使うことにより，S/N は $\sqrt{2} = 1.4$ 倍になります．ただし FET の入力容量も2倍になるため，センサの容量が大きいときに効果があります．この例ではセンサの容量が 1000 pF と大きかったので，FET には 2SK190(C_{in} = 75 pF)を使いました．

なお，筆者の経験から言うと，ここまで究極のロー・ノイズ特性が要求される用途は少ないようです．通常はノイズ選別品(メーカで用意している場合もある)程度ですんでしまいます．

53／ロー・ノイズ回路で役に立つロー・ノイズ・パーツ

ロー・ノイズ回路では OP アンプだけの性能では間に合わない応用も多くあります．かえって**ロー・ノイズ FET** や**ロー・ノイズ・トランジスタ**の助けを借りたほうがうまくいくことがあります．

表5-3 にロー・ノイズ FET の例を示します．FET といっても数多くありますが，10 MHz を超えるような高周波の場合は別ですが，次の要領で探すと見つけやすいでしょう．

まず MOS FET は対象から外します．MOS FET は周波数特性は良いのですが，$1/f$ ノイズが大きいので使わないのが良さそうです．

JFET の 1/f ノイズのコーナ周波数は 100 Hz ～ 1 kHz 程度ですが，MOS FET では 10 k ～ 1 MHz にもなります．また，JFET にはロー・ノイズのものが多種市販されていて，1 nV/√Hz 以下のものが簡単に入手できます．

FET は一般に高 gm すなわち I_{DSS} の大きなものが低雑音です．FET の**等価雑音抵抗** R_{FET} は，**図 5-11** に示すように概略，

$$R_{FET} \fallingdotseq 1/gm \quad \cdots\cdots\cdots\cdots\cdots\cdots\cdots\cdots\cdots\cdots\cdots\cdots\cdots\cdots(6)$$

で示されます．**写真 5-1** にロー・ノイズ FET の外観を示しておきます．

ロー・ノイズ・トランジスタは JFET よりは品種が揃っています．**表 5-4** にロー・ノイズ・トランジスタの例を示します．トランジスタは FET よりも雑音電圧密度は小さいのですが，ベース電流が流れますから，入力抵抗が大きいときはベース電流によるノイズも考慮します．

トランジスタの等価雑音抵抗 R_{TR} は**図 5-11** のように，

$$R_{TR} \fallingdotseq r_{bb'} \quad \cdots\cdots\cdots\cdots\cdots\cdots\cdots\cdots\cdots\cdots\cdots\cdots\cdots\cdots(7)$$

で示されます．

〈表 5-3〉ロー・ノイズ N チャネル JFET の特性例

型名	I_{DSS}(mA)	gm(mS)	C_{iss} (pF)	C_{rss} (pF)	V_n (nV/√Hz)	メーカ
2SK152	9.5 ～ 42	30(21 min)	9 max	2	1.2(10 mA)	ソニー
2SK300	9.5 ～ 42	30(21 min)	7.2	2	1.2(10 mA)	
2SK186	1.6 ～ 12	12(8 min)	20	3.7	1.3(3 mA)	
2SK187	25 ～ 20	21(18 min)	41	8	1.2(3 mA)	
2SK190	6 ～ 50	45(37 min)	75	－	0.75(6 mA)	
2SK291	6 ～ 50	45(25 min)	8.5	－	1.2(5 mA)	
2SK431	2.5 ～ 20	21(18 min)	28	5.6	1.0(3 mA)	日立
2SK541	14 ～ 42	25(18 min)	4	－	1.2(10 mA)	
2SK980	8 ～ 32	33(28 min)	4(5 max)	3		
2SK1326	6 ～ 20	22(18 min)	3(3.5 max)	1		
2SK147	5 ～ 30	40(30 min)	75	15	0.75(10 mA)	
2SK170	2.6 ～ 20	22	30	6	0.95(1 mA)	
2SK369	5 ～ 30	40(25 min)	75	15	0.75(10 mA)	
2SK370	2.6 ～ 20	22(8 min)	30	6	0.95(1 mA)	東芝
2SK371	5 ～ 30	40(25 min)	75	15	0.75(10 mA)	
2SK709	6 ～ 32	25(15 min)	7.5(10 max)	2(3 max)	0.95(1 mA)	
2SK1216	9.2 ～ 14	22(20 min)	3.9(4 max)	1		松下電子
2SK316	5 ～ 24	(15 min)	(5 max)	1		
2SK149	8 ～ 32	30	7.5	2		日本電気
NF5102	4 ～ 20	(7.5 min)	(12 max)	(4 max)		インター
NF5103	10 ～ 40	(7.5 min)	(12 max)	(4 max)		FET 社
2N6453	15 ～ 50	20 ～ 40	(25 max)	(5 max)		(コーンズ扱い)

〈図 5-11〉FET/トランジスタの等価雑音抵抗

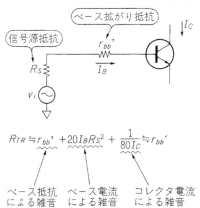
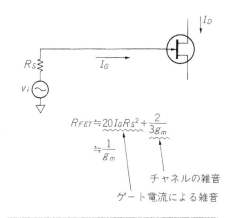

$$R_{TR} \fallingdotseq r_{bb}' + 20 I_B R_S^2 + \frac{1}{80 I_C} \fallingdotseq r_{bb}'$$

ベース抵抗　　ベース電流　　コレクタ電流
による雑音　　による雑音　　による雑音

$$R_{FET} \fallingdotseq 20 I_G R_S^2 + \frac{2}{3 g_m}$$

$$\fallingdotseq \frac{1}{g_m}$$

チャネルの雑音

ゲート電流による雑音

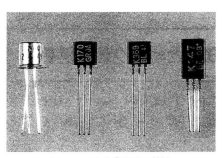

(a) ロー・ノイズ FET の外観　　　　　(b) ロー・ノイズ・トランジスタの外観
〈写真 5-1〉ロー・ノイズ FET とロー・ノイズ・トランジスタ

〈表 5-4〉ロー・ノイズ・トランジスタの特性例①

型　名	h_{FE}	f_T(MHz)	$r_{bb}'(\Omega)$	V_n(あるいは NF)	メーカ	備　考
2SC732TM	200 〜 700	150(1 mA)	－	0.2 dB(3 max)	東芝	
2SC1815L	70 〜 700	80 min(1 mA)	50	0.2 dB(3 max)	東芝	2SA1015L とコンプリメンタリ
2SC2458L	70 〜 700	80 min(1mA)	－	0.2 dB(3 max)	東芝	2SA1048L とコンプリメンタリ
2SC3324	200 〜 700	100(1 mA)	－	0.2 dB(3 max)	東芝	2SA1312 とコンプリメンタリ
2SC3329	200 〜 700	42(1 mA)	2	0.6 nV/√ Hz	東芝	2SA1316 とコンプリメンタリ
2SC2545 2SC2546 2SC2547	250 〜 1200	90(2 mA)	－	0.5 nV/√ Hz max	日立	2SA1083/1085/1091 とコンプリメンタリ

NF は $R = 10\,k\Omega$, $f = 1\,kHz$, $I_E = 0.1\,mA$ の値　　(a) NPN タイプ

〈表5-4〉ロー・ノイズ・トランジスタの特性例②

型　名	h_{FE}	f_T(MHz)	$r_{bb}{}'(\Omega)$	V_n(あるいは NF)	メーカ	備　考
2SA1015L	70 〜 400	80 min(1 mA)	30	0.2 dB(3 max)	東芝	
2SA1048L	70 〜 400	80 min(1 mA)	–	0.2 dB(3 max)	東芝	チップ・タイプ
2SA1312	200 〜 700	100 (1 mA)	–	0.2 dB(3 max)	東芝	
2SA1316	200 〜 700	50 (1 mA)	2.0	0.6 nV/$\sqrt{\text{Hz}}$	東芝	
2SA1083 2SA1084 2SA1085	250 〜 800	90 (2 mA)		0.5 nV/$\sqrt{\text{Hz}}$	日立	コレクタ電圧 2SA1083 = 60 V max 2SA1084 = 90 V max 2SA1085 = 120 V max
2SA1190 2SA1191	250 〜 800	130 (10 mA)		1.5 dB max	日立	コレクタ電圧 2SA1190 = 90 V max 2SA1191 = 120 V max
2SA1299	150 〜 800	200 (10 mA)		0.5 dB	三菱	
2SA999L	150 〜 800	200 (10 mA)		0.5 dB	三菱	

NF は $R = 10\,\text{k}\Omega$, $f = 1\,\text{kHz}$, $I_E = 0.1\,\text{mA}$ の値　　**(b)** PNP タイプ

Appendix／ノイズの RMS 値とピーク値の関係

　通常，雑音の大きさは RMS 値(**実効値**)で記載されていますが，実験のときはオシロスコープで観測することが多く，ノイズの RMS 値とピーク-ピーク値の関係を知っておくとたいへん便利です.

　図 5-A に示すように，RMS 値を 6.6 倍するとほぼ 0.1 ％の確率(ノイズがピーク値を超える時間の％)でピーク-ピーク値が求まります. 逆に言うと，オシロスコープでノイズのピーク-ピーク値を読み取ったら，その値を 6.6 で割ればおよそのノイズの実効値を知ることができます.

〈図 5-A〉ノイズの RMS 値とピーク値の関係

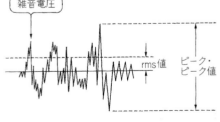

ピーク・ピーク値	ノイズがピーク値を超える時間の%
2 × rms	32
3 × rms	13
4 × rms	4.6
5 × rms	1.2
6 × rms	0.27
6.6 × rms	0.1
7 × rms	0.046
8 × rms	0.006

第6章
高速 OP アンプ回路
実践ノウハウ

54 / 高速 OP アンプのしくみ

　汎用 OP アンプと高速 OP アンプの大きな違いはその製造プロセスにあります．汎用 OP アンプでは *GB* 積がたかだか数 MHz 程度でしたが，最近の**高速 OP アンプ**…高周波 OP アンプでは 1 GHz のものまであります．

　OP アンプの内部回路は通常 NPN トランジスタと PNP トランジスタで構成されていますが，IC 内部に PNP トランジスタを作ろうとすると，汎用 OP アンプのプロセスでは，たとえば電流増幅率 h_{FE} だと 10 程度，ゲインが 1 になるトランジション周波数 f_T だと 1 MHz 程度までのものしか作れませんでした．NPN トランジスタでは $f_T > 100$ MHz であることに比べると格段の違いです．これでは周波数特性の良い OP アンプなど作れるわけがありません．

　より高速の OP アンプを作るためには，f_T の高い PNP トランジスタを作る製造技術が必要になるのです．高性能 PNP トランジスタを作るために開発されたプロセスが，たとえばハリス社の DI(誘電体分離)プロセス，アナログ・デバイセズ社の CB(コンプリメンタリ・バイポーラ)プロセス，ナショナル・セミコンダクター社の VIP(バーティカリ・インテグレイティッド PNP)プロセスなどと呼ばれるものです．

　これらの高速化技術によって，f_T が数百 MHz を超える PNP トランジスタが IC チップ内に作れるようになりました．そのぶん汎用 OP アンプに比べると高価ですが，周波数帯域は汎用 OP アンプの 10 ～ 100 倍あるいはそれ以上に伸びました．

〈図6-1〉
高速OPアンプの等価回路の一例
（HA2540）

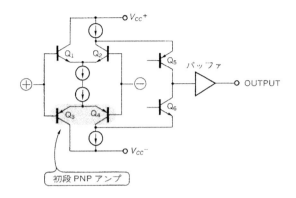

h_{FE} の大きなPNPトランジスタが作れるようになったので，回路も**図6-1**に示すように1段増幅のみですむようになりました（従来は2，3段必要だった）．そのため周波数特性が素直になり，位相補償も非常にやりやすくなりました．これは高速OPアンプを使ううえでの非常に大きなメリットです．

回路技術の進歩も見逃せません．**図6-2**は各OPアンプの出力段の構成です．図(**a**)は汎用OPアンプの出力回路ですが，汎用OPアンプの製造プロセスで作ったPNPトランジスタは性能が悪く，f_T も h_{FE} も小さいため低周波での用途に限られていました．

図(**b**)は新しい製造プロセスが開発される過渡期のもので，PNPトランジスタを使わず，

〈図6-2〉OPアンプの出力段の違い

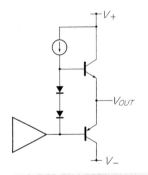

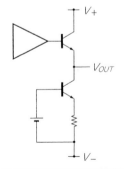

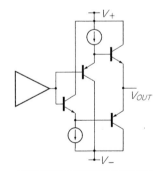

・PNPトランジスタの f_T が低い（10MHz以下）
・対称な出力電流（±10mA）
・アイドリング電流が小さい（1mA）
(**a**) 一般的なOPアンプ

・NPNトランジスタのみ使用（f_T が100MHz以上）
・非対称な出力電流（＋50mA，−5mA）
・アイドリング電流が大きい
(**b**) NPNトランジスタのみ使用

・h_{FE} が大きい高速NPN, PNPトランジスタを使用（100MHz以上）
・対称な出力電流（±50mA）
・アイドリング電流が小さい（5mA）
(**c**) CBプロセスの採用

55 高速タイプは電流帰還型 OP アンプが主流 *109*

〈表 6-1〉高速 OP アンプの仕様

型　名	回路数	入力オフセット電圧(mV)		NI 入力バイアス電流(A)		INV 入力バイアス電流(A)		f_0(MHz)	スルーレート(V/μs)	動作電圧(V)	動作電流(mA)	メーカ	特徴	ドリフト(μV/℃)
		typ	max	typ	max	typ	max	typ	typ					typ
AD8047A	1	1	3	1μ	3.5μ			250	750	±3.0-6	5.8	AD		5
AD8005A	1	5	30	0.5μ	1μ	5μ	10μ	270	280	±4.0-6	0.4	AD	IF	40
AD8011A	1	2	5	5μ	15μ	5μ	15μ	400	3500	±1.5-6	1	AD	IF	10
AD812A	2	2	5	0.3μ	1μ	7μ	20μ	145	1600	±1.2-18	9	AD	IF	15
MAX4112	1	1	8	3.5μ	20μ	3.5μ	20μ	400	1200	±5.0	5	MA	IF	10
MAX4100	1	1	8	3μ	9μ			500	250	±5.0	5	MA		15
LM6182	2	2	5	0.75μ	3μ	5μ	10μ	100	2000	±4.0-16	15	NS	IF	5
EL2280C	2	2.5	15	1.5μ	15μ	16μ	30μ	250	1200	±1.5-6	6	EL	IF	5
EL2175C	1	1	3	2.5μ	6μ	2μ	7μ	120	1000	±4.5-16.5	8.5	EL	IF	2
EL2270C	2	2.5	8	0.5μ	5μ	4μ	10μ	70	800	±1.5-6	2	EL	IF	5
OPA648	1	2	6	12μ	65μ	20μ	65μ	1000	1200	±4.5-5.5	13	BB	IF	10
OPA646	1	3	8	2μ	5μ			650	180	±4.5-5.5	5.25	BB		20
OPA620	1	0.2	1	15μ	30μ			300	250	±4.0-6	21	BB		8

特徴：IF ＝電流帰還型

すべて NPN トランジスタのみで作っています．そのため最近の高速 OP アンプに比べるとひどく使いづらいものでした．

　図(**c**)は最近のプロセスでの出力回路です．高速 PNP トランジスタを使っているので，たいへん使いやすい高速 OP アンプに仕上がっています．ただ，最近のプロセスで作られた高速 OP アンプは使いやすくて周波数特性も良いのですが，電源電圧が±5V と低くなっています．注意が必要です．

　しかし，低電圧動作というのは今の時代にマッチしているのでこれがハンデになることはありません．昔のように±12 V で使いたいとか，±15 V で使いたいときは困ることがありますが…．そういうときに使用できる **AD812** のような高速 OP アンプは，今では貴重な存在とも言えます．表 6-1 に主な高速 OP アンプの仕様を示します．

55 ／ 高速タイプは電流帰還型 OP アンプが主流

　汎用 OP アンプや高精度 OP アンプのように，DC 〜低周波で使用される OP アンプは，とくに断らない限り帰還回路は電圧帰還型になっています．ところが最近の高速 OP アンプでは，ほとんどと言ってよいほど**電流帰還型 OP アンプ**が使用されるようになりました．理由は，電流帰還型 OP アンプにはゲインを大きくしても周波数特性の劣化が小さい，と

いう大きなメリットがあるためです．

図 6-3 に普通の OP アンプ…**電圧帰還型 OP アンプ**の動作原理を示しますが，電圧帰還型 OP アンプの入力インピーダンスは非常に大きいので，OP アンプに流れ込む電流は非常に小さく，帰還(フィードバック)は電圧の形で行われます．この回路のゲイン A はよく知られているように，

$$A = \frac{1 + R_2/R_1}{1 + (R_2/R_1)A(\omega)} \quad \cdots\cdots(1)$$

で表されます．ただし，$A(\omega)$は開ループ・ゲインで周波数とともに減少する関数です．

OP アンプの周波数特性を決める－3 dB 周波数 f_{3dB} は$(1 + R_2/R_1)/A(\omega) = 1$になる周波数なので，閉ループ・ゲイン… $1 + (R_2/R_1)$が大きいほど f_{3dB} は小さくなってしまいます．これが高周波領域における電圧帰還型 OP アンプの欠点とされてきました．

これに対して帰還が電流の形で行われる OP アンプがあります．電流帰還型 OP アンプと呼ばれるものです．**図 6-4** に電流帰還型 OP アンプの動作原理を示します．

外側から見た回路は従来と変わりありませんが，－入力側の入力抵抗が非常に低くなるのが特徴です．帰還を電流モードで行うにはこれが重要なのです．この回路のゲイン A は，

〈図 6-3〉
電圧帰還型 OP アンプの動作

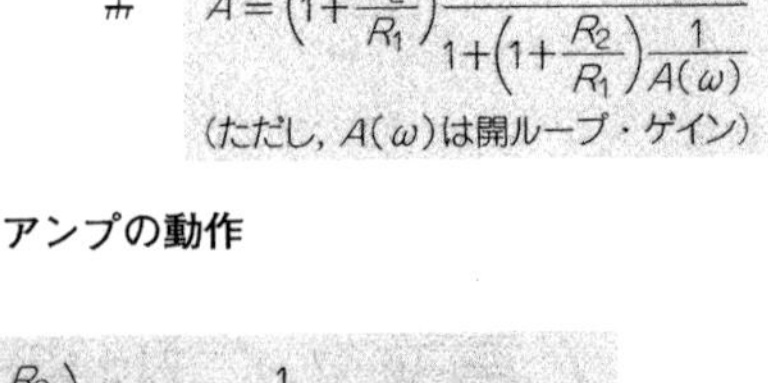

R1
R2
－入力
＋入力
VOUT
VOUT = A・VIN
電圧帰還型OPアンプ
VIN

$$A = \left(1+\frac{R_2}{R_1}\right)\frac{1}{1+\left(1+\frac{R_2}{R_1}\right)\frac{1}{A(\omega)}}$$

(ただし，$A(\omega)$は開ループ・ゲイン)

〈図 6-4〉 電流帰還型 OP アンプの動作

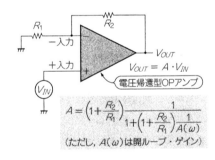

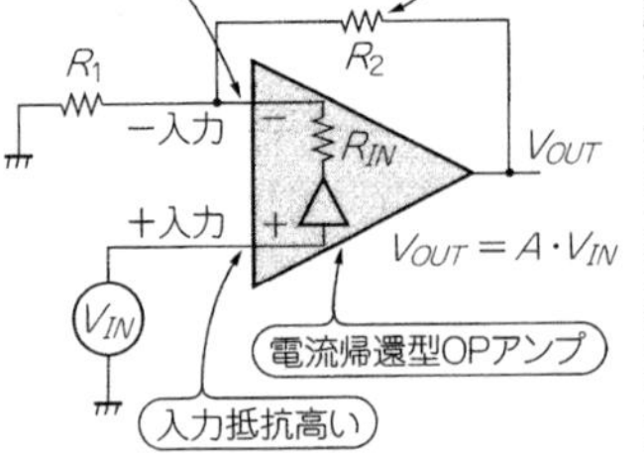

入力抵抗低い
定数の決め方に注意
R1
R2
－入力
＋入力
RIN
VOUT
VOUT = A・VIN
VIN
電流帰還型OPアンプ
入力抵抗高い

$$A = \left(1+\frac{R_2}{R_1}\right)\frac{1}{1+\left\{\left(1+\frac{R_2}{R_1}\right)R_{IN}+R_2\right\}\frac{1}{T_Z(\omega)}}$$

通常，$R_2 \gg \left(1+\frac{R_2}{R_1}\right)R_{IN}$ なので，

$$A = \left(1+\frac{R_2}{R_1}\right)\frac{1}{1+\frac{R_2}{T_Z(\omega)}}$$ となる．

(ただし，$T_Z(\omega)$はトランス・インピーダンス)

$$A = \frac{1 + R_2/R_1}{1 + R_2/TZ(\omega)}$$ ....(2)

で示されます. $TZ(\omega)$は開ループ・**トランス・インピーダンス**(以下トランス・インピーダンスという)と呼ばれ, 電圧帰還型 OP アンプの開ループ・ゲインに相当します.

(2)式から-3dB 周波数 f_{3dB} は $1 + R_2/TZ(\omega) = 1$ になる周波数なので, f_{3dB} は R_2 の設定によります. すなわち, 電流帰還型 OP アンプの周波数特性は閉ループ・ゲインに影響されないということです. ただし, 実際は図にある R_{IN} が影響するので, ゲインが大きくなると周波数帯域は多少狭くなります. しかし, 電圧帰還型ほど大きく影響されません.

最近の電流帰還型 OP アンプの周波数特性(-3 dB 周波数)は数百 MHz ～ 1 GHz に及ぶものまであります. しかし, 実際の用途ではそこまではいらない, 50 MHz くらいまで伸びていれば十分というビデオ用途なども多くあります. 主流は電流帰還型に移りつつありますが, 電圧帰還型でも **LM6361** シリーズなどは, まだまだ容量負荷に強い高速 OP アンプとして重宝されています.

---

56 / 電流帰還型 OP アンプはトランス・インピーダンスが大きいほど高精度

電流帰還型 OP アンプの内部等価回路とモデル図を**図 6-5** に示します. 理解しやすいように通常はモデル図で考えるので, 図(**a**)と図(**b**)を見くらべながら説明します.

図(**a**)からわかるように, 電流帰還型 OP アンプの＋入力はトランジスタ Q_1 および Q_2 のベースに接続されています. そのため, ＋入力側は数十 k ～数 MΩ の高入力抵抗となっています. これは図(**b**)の入力バッファに相当します.

いっぽう, －入力は Q_1 および Q_2 のエミッタに接続されているので, 数十Ω程度の低抵抗です. この抵抗は図(**b**)では R_{IN} で示されます. R_{IN} に流れる入力電流(Q_1 と Q_2 に流れる電流)I_{IN} はトランジスタ Q_3 と Q_5 および Q_4 と Q_6 による電流ミラー回路によって, 同じ大きさの電流 I_{IN} に変換されて Q_5 と Q_6 のコレクタに流れます.

そして, トランジスタ Q_5 と Q_6 に流れた電流 I_{IN} はコレクタのインピーダンスによって電圧に変換され, 出力バッファを通して出力されます. このコレクタのインピーダンス[図(**b**)では R_T および C_T に相当する]をトランス・インピーダンスと呼んでいます.

電流帰還型 OP アンプのトランス・インピーダンスは, 電圧帰還型 OP アンプの開ループ・ゲインに相当します. **表 6-2** に代表的な電流帰還型 OP アンプ **AD8001** の仕様を示

します.

図 6-6 が AD8001 のトランス・インピーダンスの周波数特性です. 低周波では約 900 kΩ @600 kHz ありますが, 1 GHz では 1 kΩ 以下になってしまいます. 先の (2) 式より R_2 と TZ の比 R_2/TZ がゲインに影響するので, 仮りに $R_2 = 600$ Ω にすると AD8001 の開ループ・ゲインは低周波では 900k Ω/600 Ω = 1500(64dB) 程度になります.

〈図 6-5〉 電流帰還型 OP アンプの構成

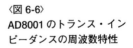

（a）内部等価回路

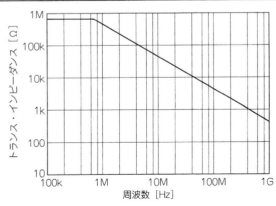

（b）モデル図

〈表 6-2〉 電流帰還型 OP アンプ AD8001 の仕様

型 名	回路数	入力オフセット電圧(mV)		NI 入力バイアス電流(A)		INV 入力バイアス電流(A)		f_3 (MHz)	スルーレート (V/μs)	動作電圧 (V)	動作電流 (mA)	メーカ	ドリフト(μV/℃) typ
		typ	max	typ	max	typ	max	typ	typ				
AD8001A	1	2	5.5	3μ	6μ	5μ	25μ	880	1200	±3.0-6	5	AD	10

〈図 6-6〉
AD8001 のトランス・インピーダンスの周波数特性

　この数値は普通の電圧帰還型 OP アンプに比べると低く感じるのですが，高速 OP アンプを高いゲインで使うことはあまりありません．

　トランス・インピーダンスが大きい電流帰還型 OP アンプに **EL2175** があります．この OP アンプのトランス・インピーダンスは 30 MΩ @600 Hz もあります．データ・ブック上では高精度タイプの高速 OP アンプとして分類されていますが，電圧帰還型と同じようにトランス・インピーダンスは低周波から低下しています．

57／高速回路では信号振幅を無用に大きくしない

　OP アンプの周波数特性や応答特性を云々するときは，いわゆる AC 特性に注目して OP アンプを選択しますが，AC 特性には**−3 dB 周波数**(あるいは *GB* 積)と**スルーレート**とがあり，この値は信号の振幅レベルによって位置づけが異なってきます．

　OP アンプの−3 dB 周波数は，一般に出力電圧が $0.1\,V_{RMS}$ 程度の比較的小さな電圧で測定されます．プリアンプならこれでよいのですが，出力電圧が数 V_{RMS} と大きくなってくるとスルーレート特性が大きく影響してきます．スルーレートの足りない OP アンプで増幅すると，入力が正弦波でも出力は三角波になってしまいます(**写真 6-1**)．

　スルーレート *SR* を考慮した周波数を**大振幅周波数特性**あるいは**フル・パワー周波数特性**と呼びます．このフル・パワー周波数特性 f_{FP} は**図 6-7** に示すように，

$$f_{FP} = \frac{SR}{\pi \cdot V_{P\text{-}P}}　\dotfill(3)$$

で示されます．たとえば **AD8001** の場合はスルーレートが $SR = 1200\,V/\mu s$ なので，$V_{P\text{-}P}$

〈**写真 6-1**〉
スルーレートの制限による波形のひずみ

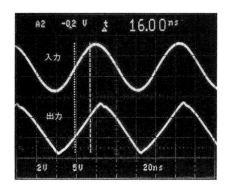

= 2V 出力時のフル・パワー周波数特性は(3)式より,

$$f_{FP} = 1200/(3.14 \times 2) = 190\,\text{MHz}$$

となります.

AD8001 の小信号時の周波数特性…−3 dB 周波数は $f_{3dB} = 880\,\text{MHz}$ もあり,f_{3dB} と f_{FP} とには大きな隔たりがあることがわかります.

高周波回路ではたかだか数 V 程度の電圧でも,数百 MHz 以上にわたって出力するのは非常にたいへんなのです.したがって,高速回路・高周波回路では無用に大きな振幅は扱わないようにします.**ビデオ信号**の振幅は一般に 1V(max)です.**図 6-8** にビデオ信号を同軸ケーブルで送るときのためのライン・ドライバの回路例を示します.

〈**図 6-7**〉OP アンプのスルーレートとフル・パワー周波数特性

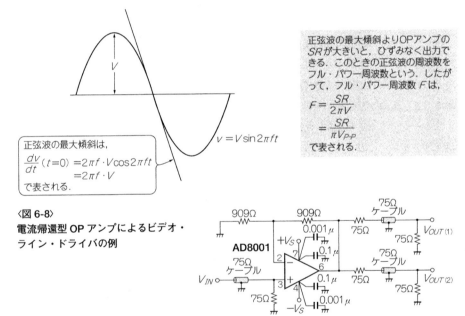

正弦波の最大傾斜は,
$$\frac{dv}{dt}(t=0) = 2\pi f \cdot V\cos 2\pi ft$$
$$= 2\pi f \cdot V$$
で表される.

$v = V\sin 2\pi ft$

正弦波の最大傾斜よりOPアンプの SR が大きいと,ひずみなく出力できる.このときの正弦波の周波数をフル・パワー周波数という.したがって,フル・パワー周波数 F は,
$$F = \frac{SR}{2\pi V}$$
$$= \frac{SR}{\pi V_{P-P}}$$
で表される.

〈**図 6-8**〉
電流帰還型 OP アンプによるビデオ・ライン・ドライバの例

58 / 電流帰還型 OP アンプ特有の注意事項二点

● 非反転アンプが基本

普通の電圧帰還型 OP アンプでは,**図 6-3** に示したように帰還抵抗 R_2 の値は比較的自

由に選べましたが，電流帰還型 OP アンプでは帰還抵抗 R_2 の値が周波数特性を決めるので注意が必要です．ここでは **AD8001** を例にとって説明します．

　図 6-9 は電流帰還型 OP アンプ **AD8001** の周波数特性ですが，帰還抵抗 $R_2 = 820\,\Omega$ と $1\,\mathrm{k}\Omega$ では $820\,\Omega$ のほうが，ずっと周波数帯域が伸びています．これは先の(2)式より明らかです．帰還抵抗 R_2 をさらに小さくするともっと帯域を伸ばすことができますが，周波数特性上にピークを生じ発振しやすくなります．最適な抵抗値はデータ・シートに記載されているのが普通です．

　電流帰還型 OP アンプは先の**図 6-4** からもわかるように，－入力側の入力抵抗は低く，＋入力側の入力抵抗は高くなっています．たとえば **AD8001** では，－入力側の入力抵抗は $50\,\Omega$ と低いのに，＋入力側は $10\,\mathrm{M}\Omega$ と高くなっています．それに応じて入力バイアス電流も，－入力と＋入力では大きさが違います．－入力のバイアス電流が大きいのが普通です．**AD8001** では，＋入力のバイアス電流は $3\,(6\,\mathrm{max})\,\mu\mathrm{A}$ なのに，－入力では $5\,(25\,\mathrm{max})\,\mu\mathrm{A}$ になっています．

〈図 6-9〉
**電流帰還型 OP アンプ AD8001 の
周波数特性**

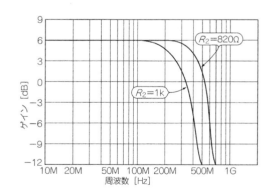

〈図 6-10〉 **電流帰還型 OP アンプで
構成した反転アンプ… R_1
の値が小さくなってしまう**

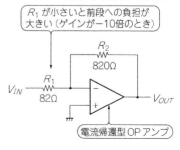

〈図 6-11〉 **電流帰還型 OP アンプでは帰還
コンデンサは付けない**

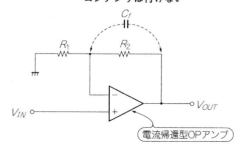

　以上のことを考慮すると，電流帰還型 OP アンプは非反転アンプ回路のほうが使いやすいことがわかります．もちろん，電流帰還型 OP アンプを反転アンプに使うことはできます．しかし，ゲインを大きくするためには図 6-10 のように R_1 の値が小さくなり，そのため前段への負担が重くなってしまいます．

● 帰還コンデンサを付けると発振する

　電圧帰還型 OP アンプでは図 6-11 に示すように，帰還抵抗 R_2 と並列にコンデンサ C_f を付けることがあります．S/N 改善のための帯域制限や，発振防止のための常套手段になっている進み位相補償を施す場合です．ところが，電流帰還型 OP アンプではこの手が使えません．

　というのは，帰還コンデンサ C_f を付けると帰還抵抗 R_2 との合成インピーダンスが小さくなり，見かけの周波数帯域が伸びてしまうからです．電流帰還型 OP アンプの場合の帯域制限は，図 6-9 に示したように帰還抵抗 R_2 を大きくすることで行います．

　また入力信号自体の S/N 改善が必要なら，＋入力側に RC ローパス・フィルタ回路を入れるようにしてください．もし，使用する高速 OP アンプの周波数帯域が製作するアンプ回路の周波数帯域に比べて余裕があれば，最適な帰還抵抗値より少し大きめにしておくと，安定性が増加するので安心です．

---

59 / 高速 A-D コンバータの入力には低ひずみ高速 OP アンプを使用する

　最近では 8 ～ 10 ビットの高速(ビデオ)A-D コンバータが安価に入手できます．ビデオ信号のディジタル化も一般的なことになってきました．12 ビット・クラスはまだ高価ですが，8 ビット 60 Msps 程度なら数千円で購入できるようです．このような高速(ビデオ)A-D コンバータの入力段に使用するアンプには，**低ひずみ高速 OP アンプ**が必要です．

　表 6-3 に低ひずみ特性を謳った高速 OP アンプの仕様を示します．表にあるように，高速 OP アンプのひずみは **SFDR**(スプリアス・フリー・ダイナミック・レンジ)で表されます．SFDR とは，入力信号と DC 成分を除く最大のスプリアスあるいは高調波成分を dB で表したものです．SFDR は負荷が重くなると通常悪化するので，測定時の負荷が 100 Ω なのか無負荷なのかの違いも重要です．

　図 6-12 は 8 ビット 60 Msps A-D コンバータ（AD9057）の評価用ボード(アナログ・デバイセズ社)の回路図です．ここには＋5 V 単電源動作のために高速の単電源 OP アンプ

AD8041 が使用されていますが, ほかの OP アンプに変えるとひずみ特性がどうなるかを実験してみました.

図 6-13 がひずみ特性の測定結果です. 評価用ボードの回路を基準にしており, 帰還抵抗 R_3 は 1 kΩ にしています. また, 電源は両電源 OP アンプも実験できるように ±5V にしています.

低ひずみであることを謳っている OP アンプ… AD9631 と AD8036 はさすがに良好な特性です. AD8001 もまあまあの特性です. しかし, AD8041 はスルーレートが 170 V/μs 程度しかないため, 2 V$_{PP}$ を出力するのは 20 MHz では難しいようです.

〈表 6-3〉 低ひずみの高速 OP アンプ

型　名	回路数	入力オフセット電圧(mV)		入力バイアス電流(A)		SFDR[dBc] 2V$_{PP}$,20MHz		f_3 (MHz)	スルーレート (V/μs)	動作電圧 (V)	動作電流 (mA)	メーカ	特徴	ドリフト (μV/℃) typ
		typ	max	typ	max	typ	条件	typ	typ					
MAX4108	1	1	8	12μ	25μ	−81		400	1200	±5.0	20	MA	IO	13
MAX4109	1	1	8	12μ	25μ	−80		225	1200	±5.0	20	MA	IO	13
AD9631A	1	3	10	2μ	7μ	−72	R_L=500	320	1300	±5.0	17	AD	IO	10
AD9632A	1	2	5	2μ	7μ	−72		250	1500	±5.0	16	AD	IO	10
AD8036A	1	2	7	40μ	60μ	−66		240	1200	±5.0	20.5	AD	CL	10
AD8009	1	2	5	50μ	150μ	−44	150 MHz, R_L=100	1000	5500	±5.0	14	AD	IF	4
OPA642	1	1.5	4	18μ	30μ	−92	5 MHz, R_L=100	450	380	±5.0	22	BB	LN	4
OPA643	1	2.5	4	19μ	20μ	−90		300	1000	±5.0	22	BB	LN	5
OPA640	1	2	5	15μ	25μ	−65		1300	350	±5.0	18	BB	LN	10
OPA644	1	2.5	6	20μ	40μ	−85		500	2500	±5.0	18	BB	IF	20

特徴: IF = 電流帰還型, IO= 出力電流大, CL= クランプ付き, LN= 低雑音

●コラム A● *SFDR*(スプリアス・フリー・ダイナミック・レンジ)とは

SFDR は本文中でも言っているように, 入力信号とDC成分を除く最大のスプリアスあるいは高調波成分を dB (入力信号レベルに対して) で表したものです. ひずみを表す一般的な規格には高調波ひずみがありますが, こちらは基本波の高調波成分のみに対するもので, 少し違います.

また, 相互変調ひずみというものもありますが, これは周波数の接近した二つの信号間で生じるひずみのことです. 通信関係では重要な規格の一つです.

〈図 6-12〉高速 A-D コンバータ AD9057 の評価ボード回路図

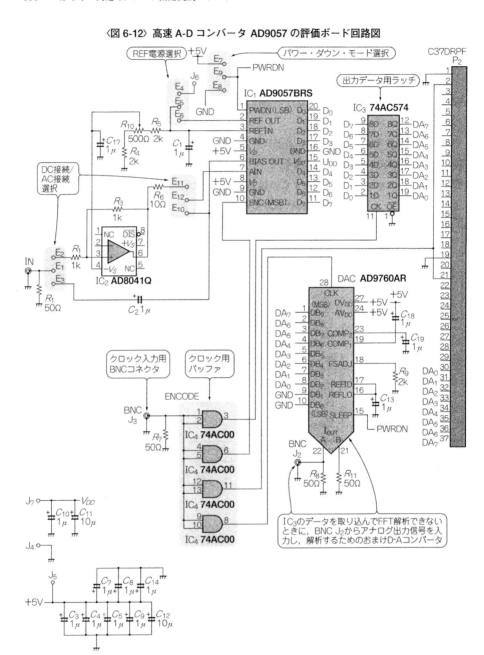

〈図 6-13〉高速 OP アンプのひずみ特性測定データ

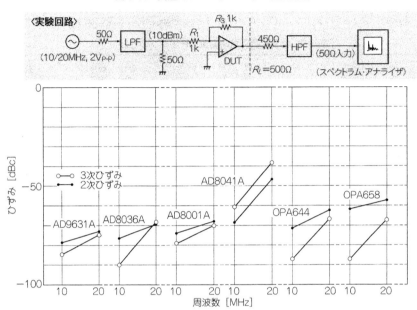

60 / 高速 OP アンプは容量負荷に弱い(容量負荷に強い OP アンプもある)

　高速 OP アンプに限らず，一般に OP アンプは容量(コンデンサ)負荷に弱いものです．数十 pF のコンデンサがつながれただけで発振してしまう OP アンプさえあります．場合によっては，オシロスコープのプローブをつないだだけでも発振することがあります．

　汎用 OP アンプでさえこんな状態ですから，高速 OP アンプではもっと深刻です．負荷容量が小さいときは，**図 6-14** に示すように，OP アンプ出力に直列に抵抗を入れると発振対策には効果があります．また，負荷が同軸ケーブルのときは必然的に 50 Ω あるいは 75 Ω を直列に入れることになるのでまず問題ありません．

〈図 6-14〉
高速 OP アンプの負荷容量への対策

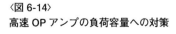

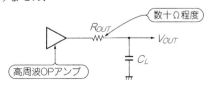

負荷容量が大きくなるときは，**表6-4**に示すような容量負荷に強い高速OPアンプを使うのが効果的です．このタイプのOPアンプはほとんど無限大の容量に耐えることができ

〈表6-4〉容量負荷に強い高速OPアンプの仕様

型　名	回路数	入力オフセット電圧(mV)		ドリフト(μV/℃)		入力バイアス電流(A)		GB積(MHz)	スルーレート(V/μs)	動作電圧(V)	動作電流(mA)	メーカ	特徴	耐負荷容量(pF)
		typ	max	typ	max	typ	max	typ	typ					
AD827J	2	0.5	2	15		3.3μ	7μ	50	300	± 15	10	AD		∞
AD847J	1	0.5	1	15		3.3μ	6.6μ	50	300	± 15	4.8	AD		∞
AD848J	1	0.2	1	7		3.3μ	6.6μ	175	300	± 15	4.8	AD		∞
AD849J	1	0.3	1	2		3.3μ	6.6μ	725	300	± 15	4.8	AD		∞
AD826A	2	0.5	2	10		3.3μ	6μ	50	350	± 15	15	AD		∞
EL2244C	2	0.5	4	10		2.8μ	8.2μ	120	325	± 15	10.2	EL		∞
LT1206	1	3	10	10		2μ	5μ	60	900	± 15	12	LT	IF	10000
LT1360	1	0.3	1	9	12	0.3μ	1μ	50	800	± 15	4	LT		∞
LM6361	1	5	20	10		2μ	5μ	50	300	± 15	5	NS		∞
LM6362	1	3	13	7		2.2μ	4μ	100	300	± 15	5	NS		∞
LM6364	1	2	9	6		2.5μ	3μ	175	300	± 15	5	NS		∞
LM6365	1	1	6	3		2.5μ	5μ	725	300	± 15	5	NS		∞

特徴：IF＝電流帰還型

〈図6-15〉
高速OPアンプ
LT1360での容量負荷と周波数特性

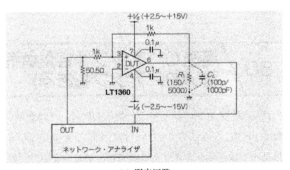

(a) 測定回路

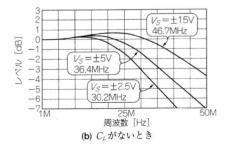

(b) C_Lがないとき

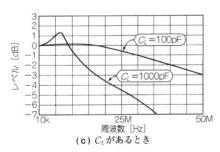

(c) C_Lがあるとき

ます．ただし，大きな容量のときほど周波数帯域は狭くなります．

　例として図 6-15 に **LT1360**（これは電圧帰還型 OP アンプ）の実験回路と特性を示します．図(**c**)に示すように，負荷に 100 pF と 1000 pF をつないだときでも発振にいたることなく安定に動作しています．通常の高速 OP アンプならすでに発振しています．

　容量負荷に強い OP アンプは確かに便利そうですが，ほかの特性はどうなのでしょうか？

　LT1360 の高調波ひずみ特性を**図 6-16** に示します．この場合の基本周波数は 3.58 MHz で，入力電圧は $V_{IN} = 4\,V_{P-P}$ （$1.4\,V_{RMS}$）で実験しました．図(**b**)と図(**c**)が負荷抵抗 $R_L = 500$ Ω のときの特性ですが，これでは偶数次の高調波はほとんどなく，奇数次のものばかり目だちます．±15 V 動作では 3 次高調波が − 48.5 dB，±5 V 動作では − 41.3 dB です．

　図(**d**)と図(**e**)が $R_L = 150$ Ω のときの特性です．このときは偶数次の高調波も見られます．

〈図 6-16〉
LT1360 の高調波ひずみ特性

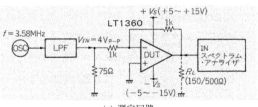

(a) 測定回路

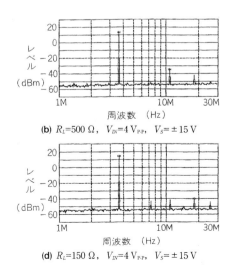

(b) $R_L = 500$ Ω，$V_{IN} = 4\,V_{P-P}$，$V_S = ±15$ V

(d) $R_L = 150$ Ω，$V_{IN} = 4\,V_{P-P}$，$V_S = ±15$ V

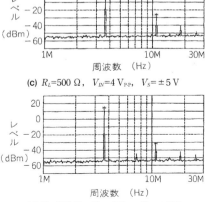

(c) $R_L = 500$ Ω，$V_{IN} = 4\,V_{P-P}$，$V_S = ±5$ V

(e) $R_L = 150$ Ω，$V_{IN} = 4\,V_{P-P}$，$V_S = ±5$ V

表6-5がいくつかの高速OPアンプの高調波ひずみ特性をまとめたものです. 容量負荷に強いLM6361は, LT1360やAD847にくらべると少しひずみ特性が悪いようです.

〈表6-5〉
主な高速OPアンプ
のひずみ特性
(f_{IN} = 3.58 MHz,
V_{IN} = 4V$_{P-P}$)

型名	電源電圧	$R_L = 500\ \Omega$		$R_L = 150\ \Omega$	
		2nd	3rd	2nd	3rd
LT1360	± 5 V	− 65 dB 以下	− 41.3 dB	− 60 dB	− 46.5 dB
	± 15 V	− 65 dB 以下	− 48.5 dB	− 60 dB	− 55 dB
AD847	± 5 V	− 55 dB	− 53.0 dB	− 44.9 dB	− 45 dB
	± 15 V	− 65 dB 以下	− 61.6 dB	− 50 dB	− 43.3 dB
LM6361	± 5 V	− 21.4 dB	− 30 dB	− 21.4 dB	− 30 dB
	± 15 V	− 23.2 dB	− 32 dB	− 20.4 dB	− 35 dB

61 / 高速OPアンプの実装では浮遊容量に注意する

DC～低周波回路でのOPアンプのプリント基板への実装は一点アースが基本でしたが, 高周波回路ではインピーダンスの小さなグラウンドが必要です. リード線を使うとどうしてもインダクタンス成分ができてしまうので, 実装にあたってはインダクタンスの小さな**ベタ・グラウンド**…全面グラウンドということになります.

ところがベタ・グラウンドにも欠点があります. **浮遊容量**ができやすいのです. ベタ・グラウンドにしてしまうと, **図6-17**に示すように, いたるところに浮遊容量ができてしまいます. とくに入出力での浮遊容量は発振の原因にもなるので避けなければなりません.

そこで, 実際は図(**b**)のようなパターンにします. 入出力のベタを抜いてしまうのです. これなら浮遊容量は小さくてすみます. この図はチップ部品を使った場合ですが, 帯域が

〈図6-17〉OPアンプ実装時の浮遊容量を小さくする方法

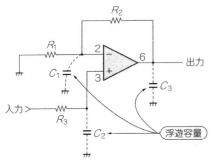

（**a**）ベタ・グラウンドだと浮遊容量ができやすい

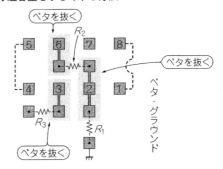

（**b**）ベタを抜いて浮遊容量を小さくする

数十 MHz 程度であれば，DIP タイプの OP アンプに 1/16 ～ 1/8 W 程度の小型の金属皮膜抵抗を使うという手もあります．これならばランド部は確実にベタが抜けるので浮遊容量の心配は軽減します．

しかし肝心のベタ・グラウンドの面積も減ってしまうので，両面基板よりは多層基板向けです．

なお，実験のとき OP アンプをはんだ付けしないで，ソケットで取り替えられるようにしたいときがあります．このときピン・ソケット・タイプの汎用 IC ソケットを使うという手もありますが，やはり浮遊容量の影響が無視できません．**図 6-18** のような独立型のミニチュア・スプリング・ソケットが安心です．1 本 1 本を圧入しないといけないので手間はかかりますが，よけいなものが付いてないので数十 MHz 以上でも実用上問題なさそうです．

ただし，汎用ソケットに比べるとかなりコスト高になってしまうため，量産基板には使用することができません．今のところ評価用基板か実験用基板止まりです．

〈図 6-18〉
ソケット実装するときはミニチュア・スプリング・ソケット

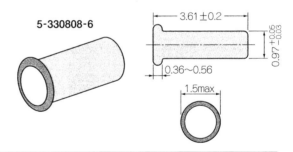

5-330808-6

3.61±0.2

$0.97^{+0.05}_{-0.03}$

0.36～0.56

1.5max

62／高速 OP アンプの電源ピンには 1 個ずつバイパス・コンデンサを付ける

高速 OP アンプでは発振止めや安定動作のため，必ず OP アンプ 1 個に 0.01 ～ 0.1 μF 程度の**バイパス・コンデンサ**(いわゆるパスコン)を付けるようにします．特性的には**積層セラミック・コンデンサ**しかありません．±電源ならもちろんパスコンは 2 個必要です．

パスコンは扱う周波数が高いほどパスコンのリード線のインダクタンス成分が影響してくるので，できれば**チップ・コンデンサ**を使いたいところです．**図 6-19** にチップ・コンデンサの外形を示しますが，通常のチップ・コンデンサは 3216 タイプのように縦長タイプです．これだとインダクタンス成分が大きくなってしまいます．横長タイプにしてイン

〈図 6-19〉
チップ・コンデンサ(積層セラミック・
タイプ)の外形

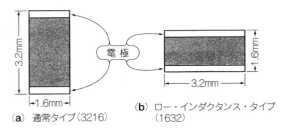

(a) 通常タイプ(3216)　(b) ロー・インダクタンス・タイプ
(1632)

〈表 6-6〉
ロー・インダクタンス型チップ・セラミ
ック・コンデンサの仕様
〔日本ビシェイ㈱〕

項　目	仕　様
インダクタンス	0.5mH(max)
容量範囲	0.082 μ ～ 0.22 μ F
動作温度範囲	－ 55 ～ ＋ 125 ℃
温度特性	± 15%
定格電圧	25V / 50V
tan δ	3.5%(max)(25V) 2.5%(max)(50V)
絶縁抵抗	10^5 M Ω (min)

〈図 6-20〉ロー・インダクタンス型チップ・セラミック・コンデンサの周波数特性

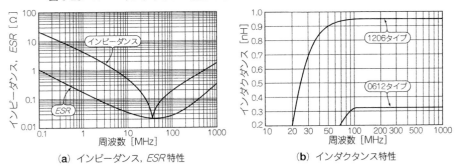

(a) インピーダンス, *ESR* 特性　(b) インダクタンス特性

ダクタンスを小さく抑えた 1632 タイプを使用したいものです.

表 6-6 にロー・インダクタンスのチップ・コンデンサの仕様を，図 6-20 に周波数特性
を示します.

図 6-20 から 0.082 μ F のチップ・コンデンサの共振周波数は約 35 MHz にあります.
通常の形状のものが 10 MHz 程度であることを考えると，数倍の高周波まで使用できるこ
とになります.

第7章
OPアンプの安定性/発振対策への
実践ノウハウ

---

63 /	反転回路と非反転回路の安定度の違いは ノイズ・ゲインで見る

　OPアンプ回路の出力におけるオフセット電圧やノイズについて考えるとき，**ノイズ・ゲイン**という考え方を知っておくと役にたちます．ノイズ・ゲインという言葉を初めて聞いた人も多いかと思いますが，まずは**図7-1**を見てください．

　この図はゲイン1とゲイン−1の回路です．二つの回路の違いがたんにゲインの符号が＋か−かだけにあると思うのは間違いなのです．じつはノイズやオフセット電圧の大きさ，発振に対する安定性に関しても大きな差があるのです．

　図(**a**)のゲイン−1の反転アンプでは50％の帰還がかかっているのに対して，図(**b**)のゲイン1の非反転アンプでは100％の帰還がかかっています．つまり図(**b**)のほうがより多くの負帰還がかかっているので性能的には上ですが，発振に対しては逆に弱くなっています．

　このように，ゲインの絶対値が同じ1であっても安定性が違うというのは紛らわしいの

〈図7-1〉
ゲイン−1とゲイン＋1では安定度
が違う

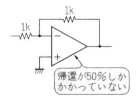
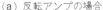

（a）反転アンプの場合

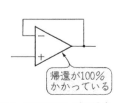

（b）非反転アンプの場合

で，OPアンプの出力におけるノイズの大きさやオフセット電圧の大きさを表すときは，回路のゲインの代わりにノイズ・ゲインという言葉を使います．ノイズ・ゲイン G_N は帰還率の逆で表されます．**図7-1** では，

$$G_N = 1 + (R_2/R_1) \quad\text{……………………………………………………………… (1)}$$

となります．したがって，ノイズ・ゲインは図(**a**)では(1)式より"2"になり，図(**b**)では $R_2 = 0$ と考えると"1"になります．

　ノイズ・ゲインという言葉から考えると，ノイズ(雑音)に対するゲインということになりますが，これはオフセット電圧に対しても同じです．たとえばOPアンプのオフセット電圧が1mVだとすると，図(**a**)の回路では出力電圧は2mVになって，図(**b**)の回路では1mVになります．このようにノイズ・ゲインという考え方を知っていると，ゲインの±の符号に惑わされることなく，客観的に回路のオフセット電圧の大きさやノイズ電圧などの計算を行うことができます．

　さて，**図7-2** の反転アンプのノイズ・ゲイン G_N は先の式(1)で表されます．したがって，$R_1 = 10\,\text{k}\Omega$，$R_2 = 100\,\text{k}\Omega$ ではノイズ・ゲインは $G_N = 11$ になります．もしOPアンプのオフセット電圧が1mVだとしたら，ノイズ・ゲイン倍されて11mVが出力されます．

　では I-V(電流-電圧)変換回路ではどうなるでしょうか．**図7-3** の I-V 変換回路で考えてみましょう．

　この回路では $R_1 = \infty$ と考えられるので，(1)式より $G_N = 1$ となります．したがって，図のようにオフセット電圧が1mVだとしたら1mVが出力されます．

　反転アンプでは**図7-4** の回路のように，R_2 の値を R_1 より小さくするとアッテネータ…分割回路として動作します．たとえば図 (**a**)の回路はゲイン−0.1倍の回路ですが，「ゲインが−0.1だからオフセット電圧も0.1倍になるんですね」という質問を受けました．質問の主は「オフセット電圧が1/10になればとても高性能な回路が作れる」と感じたみたいですが，もちろんそんなことはありません．残念ながら(1)式でわかるように，+1という項があるので，ノイズ・ゲインは1以下にはなりようがないのです．

〈図7-2〉
反転アンプのノイズ・ゲイン

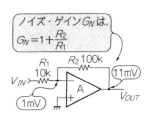

　究極の回路として図(**b**)を見てください．これは $R_2 = 0$ にしているので，信号はまった
く増幅しません．したがって，まったく役に立たない回路なのですが，*ノイズ・ゲインだ
けはちゃっかり"1"あります*．そのため，1 mV のオフセット電圧はそのまま出力されるの
です．けっしてゼロにはならないところがノイズ・ゲインというものです．

〈図7-3〉
I-V変換回路のノイズ・ゲイン

〈図7-4〉アッテネータ回路を組むとオフセット電圧も
　　　　小さくなるか？

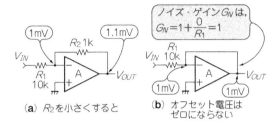

（**a**）R_2 を小さくすると　　　（**b**）オフセット電圧は
　　　　　　　　　　　　　　　　　　ゼロにならない

64 ／ OPアンプは入力容量で発振する

　さてさて，どうして OP アンプ回路は**発振**したりするのでしょうか？

　これはアナログ回路を学ぶ人が必ず抱く疑問の一つです．発振の原因がわかれば，当然
それを回避するアイデアが思い浮かびます．

　しかし，はじめに OP アンプだけではほとんど発振はないことを言っておきます．たと
えば，**図7-5** の回路を考えてみましょう．これはゲイン 10 の反転アンプです．ここでは
実験のために汎用 OP アンプの **AD711** を使用していますが，考え方は他の OP アンプで
も同じです．

　OP アンプの安定性を測定するには，**ゲイン-位相特性**を測ってみるのが一番です．測
定方法を**図7-6** に示します．

　図7-7 に，**図7-5** の回路のゲイン-位相特性を示します．(**a**)が入力容量 C_{IN} がないときの

〈図7-5〉
ゲイン-10 の反転アンプの例

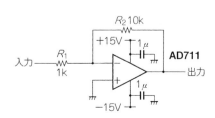

特性ですが，**位相余裕** ϕ_m を求めてみましょう．位相余裕というのはループ・ゲインが 0 dB になる周波数において，回路の位相が 180°遅れるまでにあと何°の余裕があるかを表すものです．位相遅れが 180°になってしまうと，負帰還をかけたつもりでも正帰還になって発振してしまいます．図(**a**)を見ると $\phi_m = 82.9$° になっていることがわかります．通常は，位相余裕は 45 ～ 60°あれば安定ですから，この回路は十分すぎるほど安定な回路だと言えます．

　もっとも，この回路はゲインを－10 倍にしてあるからで，ゲイン－1 で実験すれば位相余裕は 60°くらいでしょう．位相余裕は OP アンプを高ゲインで使用するほど大きくなって安定性では有利になります．

　では図 **7-6** の回路で，**AD711** の入力に $C_{IN} = 1000$ pF のコンデンサを故意に付けてみましょう．そのときの特性を図 **7-7(b)** に示します．位相余裕は 32.8°とずいぶん小さくなってしまいました．理由は C_{IN} によって周波数特性上に**ポール**…周波数特性の変曲点ができ

〈図 7-6〉
OP アンプのループ・ゲイン-位相
特性の測定回路

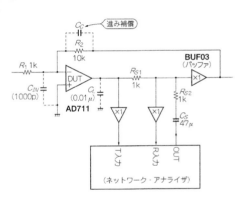

〈図 7-7〉 図 7-6 の回路のゲイン-位相特性

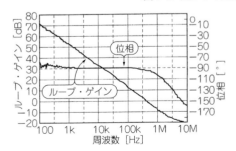

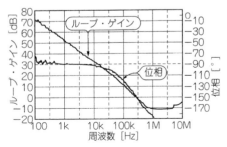

（**a**）$R_1 = 1$ kΩ，$R_2 = 10$ kΩ のとき　　（**b**）$R_1 = 1$ kΩ，$R_2 = 10$ kΩ，$C_{IN} = 1000$ pF のとき

たためです. ポールは位相を遅らす働きがあります. ポールができる周波数 f_P は,

$$f_P = 1/2 \pi \cdot C_{IN}(R_1 /\!/ R_2) \cdots\cdots\cdots\cdots\cdots\cdots\cdots\cdots\cdots\cdots\cdots\cdots\cdots\cdots\cdots\cdots (2)$$

です. この(2)式に定数を代入すると, $f_P \fallingdotseq 180\,\mathrm{kHz}$ になります. ポールのできる周波数では位相は 45° 遅れるので, 図(a)と図(b)で $180\,\mathrm{kHz}$ での位相変化をくらべてみるとおよそ 45° であることがわかるでしょう.

以上のことから, OPアンプは入力容量が大きくなると発振することがわかりました.

65 / OPアンプは容量負荷で発振する

　OPアンプに大きな入力容量 C_{IN} が加わると発振することがわかりましたが, OPアンプが発振する要素はもう一つあります. それが**容量負荷**です. 容量負荷によるOPアンプの発振の話しは何度か紹介していますが, **サンプル&ホールド回路**や**同軸ドライバ**など, 容量負荷になる回路は意外とたくさんあります.

　では前述の**図7-6**の回路で, OPアンプ**AD711**の出力に $C_L = 0.01\,\mu\mathrm{F}$ のコンデンサを付けてみましょう. **図7-8**にそのときのゲイン-位相特性を示します. 今度も位相余裕が $\phi_m = 44.7^\circ$ と小さくなってしまいました. また, ポールができてしまったのです.

　入力容量 C_{IN} のときは(2)で示したように R_1 と R_2 が影響しましたが, 負荷容量 C_L の場合は **OPアンプの出力抵抗** R_{OUT} が影響します. C_L によってポールができる周波数 f_P は,

$$f_P = \frac{1}{2\pi \cdot C_L \cdot R_{OUT}} \cdots\cdots\cdots\cdots\cdots\cdots\cdots\cdots\cdots\cdots\cdots\cdots\cdots\cdots (3)$$

で表されます. **AD711** の R_{OUT} はおよそ $50\,\Omega$ なので, (3)式より $f_P \fallingdotseq 320\,\mathrm{kHz}$ となります. 前述の**図7-7(a)**にくらべると, $320\,\mathrm{kHz}$ での位相変化が 45° になっているのがわかると思います.

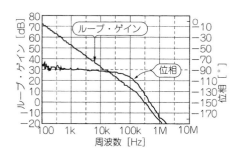

〈図7-8〉
図7-6の回路で容量負荷 $(C_L = 0.01\,\mu\mathrm{F})$
にしたときのゲイン-位相特性

　このように，OPアンプだけの回路では十分安定と思われていても，入力容量や負荷容量が付くと位相余裕がなくなって発振しやすくなります．ここの実験では汎用OPアンプを使ったので C_{IN}，C_Lとも大きめの値を使いましたが，高速OPアンプではわずかな負荷容量が安定性に影響するので注意が必要です．

66 / 発振を位相補償によって止める

　先の実験のように安定性を悪くする方法があれば，安定性を良くする方法もあります．これが**位相補償**と呼ばれている方法です．位相補償には，

① 進み補償
② 遅れ補償
③ 進み-遅れ補償

の三つがありますが，②と③の方法はけっこう大がかりな位相補償なので，ここでは簡単で，それでいて十分に効果のある①の**進み補償**について紹介します．

　図7-9に進み位相補償回路を示します．補償回路といっても R_2と並列にコンデンサを付けただけです．このコンデンサ C_Cで C_{IN}あるいは C_Lによって新たにできたポールを打ち消すのです．これをポールに対して**ゼロ点**といいます．

　ゼロ点は位相を進める働きがあります．ゼロ点ができる周波数 f_Zは，

$$f_Z = \frac{1}{2\pi \cdot C_C \cdot R_2} \quad\cdots\cdots(4)$$

で示されます．

　位相補償によってゼロ点だけができれば良いのですが，残念なことに同時に新たなポールもできてしまいます．ポールができる周波数 f_{PC}は，

$$f_{PC} = (1 + R_2/R_1)f_Z \quad\cdots\cdots(5)$$

です．このため，ゲインの大きなアンプほど f_{PC}が高い周波数になるので補償がやりやすくなります．

　図7-10は**図7-9**の回路で，$R_2 = 10\,\mathrm{k\Omega}$と並列に $C_C = 100\,\mathrm{pF}$のコンデンサを付けたときの特性です．位相補償用コンデンサ C_Cによって，ゼロ点は(4)式から $f_Z \fallingdotseq 160\,\mathrm{kHz}$の周波数にできることになります．同時に(5)式から，ポールは $f_{PC} \fallingdotseq 1.8\,\mathrm{MHz}$にできます．その結果，**図7-10**のように，一度進んだ位相がまた遅れるので，$f_Z \sim f_{PC}$間にはピークができます．しかし，**図7-10**より，補償用コンデンサ C_Cを付けると位相が進むというこ

〈図 7-9〉OP アンプの進み位相補償回路

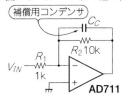

〈図 7-10〉進み位相補償の効果

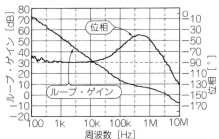

とは確認できました．このときの位相余裕は**図 7-10** から $\phi_m \fallingdotseq 92.5°$ となっています．

つぎに入力容量 $C_{IN} = 1000pF$ が付いたときの位相補償の結果を，**図 7-11** に示します．位相補償用コンデンサ C_c は $100\,pF$ にしています．図を見ると，C_{IN} で $32.8°$ に落ち込んだ位相余裕が，$\phi_m \fallingdotseq 84.6°$ まで回復していることがわかります．

図 7-12 は，容量負荷 $C_L = 0.01\,\mu F$ に対する位相補償の結果です．このときは C_c を $47\,pF$ にしました．$44.7°$ に落ち込んだ位相余裕が $79.7°$ まで回復しました．

このように，進み位相補償は簡単で有効な発振止めの方法なので，ぜひ覚えておいてください．

〈図 7-11〉
入力容量 $C_{IN} = 1000\,pF$ への位相補償の効果

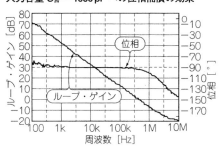

〈図 7-12〉
容量負荷 $C_L = 0.01\,\mu F$ への位相補償の効果

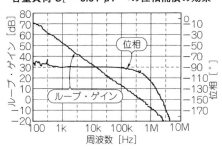

〈図 7-13〉
非反転入力の抵抗も安定性を悪くするので要注意

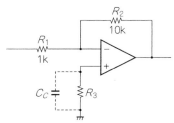

余談ですが，OP アンプの入力バイアス電流によるオフセット電圧を補償するために，よく**図 7-13** のように OP アンプの＋入力に $R_3 = R_1 /\!/ R_2$ の抵抗を入れることがありますが，この場合も OP アンプの入力容量でポールができてしまいます．R_3 の値が $10\,\mathrm{k\Omega}$ を超えるようならコンデンサ C_c を付けておいたほうが安心です．

67 / 位相余裕を簡単に測定する方法

OP アンプのゲイン-位相特性を測定するには，**図 7-6**(p.128)に示したネットワーク・アナライザという高価な測定器が必要ですが，簡単には周波数特性上のピーク値から判断するという方法もあります．周波数特性は，正弦波発振器とオシロスコープ(またはレベル・メータ)があれば測定できます．

いま作ろうとしている回路のゲインを $A(j\omega)$，OP アンプの開ループ・ゲインを $A_0(j\omega)$，ループ・ゲインを $T(j\omega)$ とすると，

$$A(j\omega) = \frac{A_0(j\omega)}{1 + T(j\omega)} \quad\cdots\cdots\cdots\cdots\cdots\cdots\cdots\cdots\cdots\cdots\cdots\cdots\cdots\cdots\cdots(6)$$

の関係があります．位相余裕というのは $|T(j\omega_0)| = 1$ における値です．たとえば位相余裕が $\phi_m = 45^\circ$ では，(6)式は，

$$A(j\omega_0) = \frac{A_0(j\omega_0)}{1 + e^{-j135^\circ}}$$

$$= \frac{A_0(j\omega_0)}{1 - 0.707 - j0.707}$$

$$= \frac{A_0(j\omega_0)}{0.293 - j0.707}$$

となります．したがって，$|A(j\omega_0)| = 1.3A_0(j\omega_0)$ となって，周波数特性上に $2.3\,\mathrm{dB}$ の**ピーク**が生じてしまいます．つまり，ピークの大きさから位相余裕の見当をつけることができます．**表 7-1** に，この周波数特性上のピークと位相余裕の関係を示します．

図 7-14 は，**図 7-5** の回路の周波数特性を測定した結果です．図(**a**)は周波数特性上に変な凸凹もなく素直に減衰していることから，位相余裕は 90° 近くと見当できます．いっぽう図(**b**)は，$C_{IN} = 1000\,\mathrm{pF}$ のときの周波数特性です．約 $4\,\mathrm{dB}$ のピークが見られます．したがって，位相余裕は $30 \sim 45^\circ$ と見当をつけることができます．

位相余裕を見るもう一つの方法は，**パルス応答**の**オーバシュート**の量からも推測するこ

とです．方法としては周波数特性をとったりするより簡単ですが，ポールの数が多くなるとあまりあてにはできなくなります．

表7-2に，パルス応答におけるオーバシュートと位相余裕の関係を示します．試しに入力容量 $C_{IN}=0$ の場合と $C_{IN}=1000$ pF での出力波形を見てみました．図7-15がそのときのデータです．

図(a)は $C_{IN}=0$ のときの波形です．オーバシュートは見られないので，位相余裕は90°

位相余裕 (°)	ピーク値 (dB)
90	0
60	0.2
45	2.4
30	5.8

◀ 〈表7-1〉 位相余裕と周波数特性のピークの関係

〈表7-2〉 位相余裕とオーバシュートの関係▶

位相余裕 (°)	オーバシュート (%)
90	0
60	10
45	20
30	40

〈図7-14〉 OP アンプの周波数特性(振幅特性)のピークから位相余裕の見当をつける

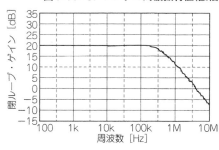

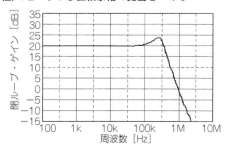

(a) $R_1=1$ kΩ, $R_2=10$ kΩのとき　　(b) $R_1=1$ kΩ, $R_2=10$ kΩ, $C_{IN}=1000$ pFのとき

〈図7-15〉 OP アンプのパルス応答特性から位相余裕の見当をつける

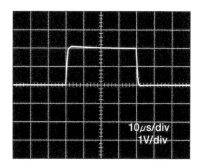
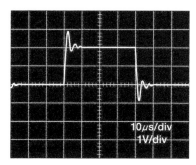

(a) $R_1=1$ kΩ, $R_2=10$ kΩ での出力波形　　(b) $R_1=1$ kΩ, $R_2=10$ kΩ, $C_{IN}=1000$ pF での出力波形

近いことがわかります。図(**b**)は C_{IN} = 1000 pF での特性です。今度はおよそ 40％のオーバシュートが見られます。したがって、位相余裕は**表 7-2**からおよそ 30°ということがわかります。

このような簡単な方法でも、OPアンプの安定性の判断が可能です。ぜひ試してみてください。

---

68 / 高ゲイン・アンプで位相遅れを小さくするには OP アンプを多段直列する

微小信号を増幅するとき、一般には OP アンプ回路の電圧ゲインは非常に大きくなります。10倍、100倍というのは当たり前という感じです。また、入力信号が AC のときは振幅特性だけでなく位相特性も重要になります。

ところがゲインを大きくとると位相遅れが大きくなって、回路の位相特性が悪くなります。位相遅れを小さくするには高速 OP アンプを使用するのが常套手段ですが、ここでは汎用 OP アンプでどのくらいいけるかを実験してみました。

図 7-16にゲイン 100 倍の非反転アンプの実験回路を示します。**図 7-17**は**図 7-16**の回路の**ゲイン-位相特性**です。図(**a**)を見ると f = 100 Hz では位相遅れ ϕ_{LAG} はほぼ 0 ですが、周波数の上昇とともに位相遅れが大きくなっているのがわかります。f = 10 kHz では ϕ_{LAG} = 13°、f = 100 kHz では ϕ_{LAG} = 70°にもなっています。

図 7-18は、実験に使用している OP アンプ **AD712** の開ループ・ゲイン周波数特性です。f = 10 kHz では **AD712** の開ループ・ゲインは 50 dB なので、ループ・ゲイン A_L は 50 − 40 = 10 dB(3.16 倍)です。これより位相遅れ ϕ_{LAG} の概略値を計算すると次のようになります。

〈**図 7-16**〉
ゲイン 100 の非反転アンプのゲイン-位相特性の実験回路

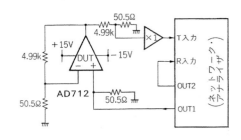

$$\phi_{LAG} = \tan^{-1}(1/A_L)$$
$$= \tan^{-1}(1/3.16)$$
$$= 17.6° \cdots\cdots\cdots\cdots\cdots\cdots\cdots\cdots\cdots\cdots\cdots\cdots\cdots\cdots\cdots\cdots\cdots\cdots\cdots\cdots (7)$$

図 **7-17(a)** では $\phi_{LAG} = 13°$ ですから，計算結果とほぼ合っています．

図 **7-19** は **AD712** のメーカであるアナログ・デバイセズ社のデータ・ブックに載っていた位相補償回路です．ユニークな回路なので，実験してみました．この回路は図を見るとわかるように位相補償用に同じ OP アンプを 1 個追加しています．**図 7-20** がその結果の**ゲイン-位相特性**です．図**(a)**が位相特性ですが，$f = 10\,\text{kHz}$ での位相遅れが $\phi_{LAG} \doteqdot 1.3°$ と，**図 7-17** の特性にくらべてずっと小さくなっています．ただし，ゲインは図 **(b)**のように 3 dB ほどピークができてしまいました．

〈**図 7-17**〉**図 7-16** の回路のゲイン-位相特性

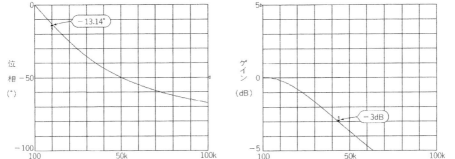

(a) 位相特性　　　　　　　　　　　　　(b) ゲイン特性

〈**図 7-18**〉
実験に使った OP アンプ AD712 の周波数特性

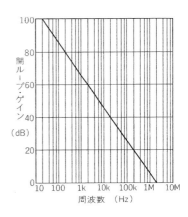

〈図 7-19〉
OP アンプ 2 個のゲイン 100
非反転アンプの実験回路

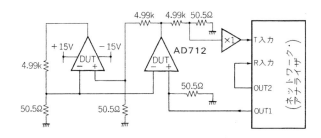

〈図 7-20〉図 7-19 の回路のゲイン-位相特性

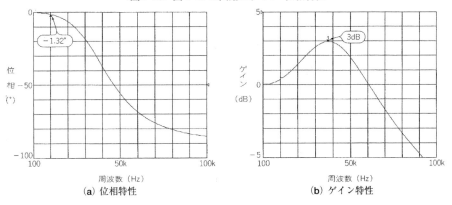

(a) 位相特性　　　　　　(b) ゲイン特性

〈図 7-21〉
2 段直列のゲイン 100 非反転アンプの実験回路

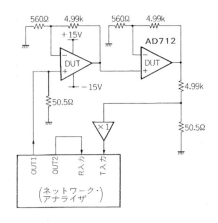

〈図 7-22〉図 7-21 の回路のゲイン-位相特性

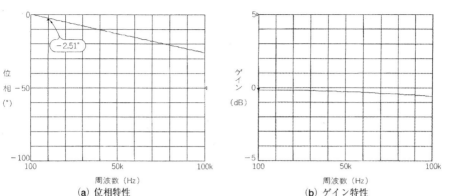

(a) 位相特性　　　　　　　　　　　(b) ゲイン特性

　OP アンプを 2 個使うなら，いっそのことアンプを 2 段直列構成にすればよいのでしょうか．図 7-21 はゲイン 10 倍のアンプを 2 段にして，合計 100 倍にしたアンプです．図 7-22 がそのゲイン-位相特性です．図(a)から位相遅れは $\phi_{LAG} = 2.5°$ になっています．図 7-20(a)にくらべるとわずかに位相遅れが大きめですが，図 7-17 よりずっとましです．しかもゲイン特性にピークもできず，周波数帯域も伸びています．3 段構成にすればさらに改善されます．

　この実験からわかるように，高ゲインのアンプで位相遅れを気にするようなときは，アンプ 1 段のゲインは抑え目にして，多段直列にするのが効果的であることがわかります．

第8章
OPアンプ増幅回路の
実践ノウハウ

69 / AC入力の高インピーダンス・バッファでは入力容量に留意する

　AC入力用の**高入力インピーダンス・バッファ回路**を**図8-1**に示します．この回路では入力電圧 V_{IN} が数百Vと大きくなることがあるので，保護用抵抗 R_3 の値は数十kΩと大きくなっています．そのため，入力段のバッファ A_1 の入力インピーダンスは十分大きくしておかないと入力電圧 V_{IN} が減衰してしまい，誤差を生じてしまいます．図の回路において，C_2 は直流分をカットするためのものです．

　さて，この回路の特徴はコンデンサ C_1 で若干の正帰還をかけていること（**ブートストラップ**という）です．そのため入力インピーダンス Z_{IN} は，

$$Z_{IN} = j\omega \cdot C_1 \cdot R_1 \cdot R_2 \quad \cdots\cdots\cdots\cdots\cdots\cdots\cdots\cdots\cdots\cdots\cdots\cdots\cdots\cdots\cdots(1)$$

〈図8-1〉
AC入力用バッファ・アンプの基本回路

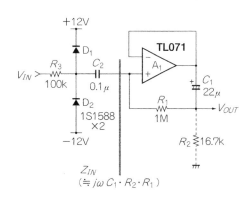

になります.

　たとえば $C_1 = 22\,\mu\mathrm{F}$, $R_1 = 1\,\mathrm{M}\Omega$, $R_2 = 16.7\,\mathrm{k}\Omega$ とすると，1 kHz時の入力インピーダンスは(1)式から，$Z_{IN} = 2.3\,\mathrm{G}\Omega$ と非常に大きな値になります．そのために，保護用抵抗 R_3 に $100\,\mathrm{k}\Omega$ を付けても電圧損失はほとんど生じません．

　ところが，この回路の実際の周波数特性を**図8-2**に示しますが，入力周波数が10 kHzを超えると1％以上も誤差を生じてしまいました．理由は，A_1 に使ったOPアンプの入力容量 C_{IN}（浮遊容量も含む）が大きかったせいで，これが回路の入力インピーダンス Z_{IN} とパラレルに入り，実際の**交流入力インピーダンス**を小さくしていたのです．

　この回路はACアンプなので，本来的に入力容量の小さなOPアンプを使う必要があるのですが，R_1 の値が $1\,\mathrm{M}\Omega$ と大きいのでオフセット電圧を抑える意図で，低バイアス電流のFET入力OPアンプを使用することにしていたのです．そこで汎用OPアンプである **AD711** を使ってみることにしました．

　AD711 の仕様を**表8-1**に示します．**AD711** の入力容量は $5.5\,\mathrm{pF}$（同相・差動とも）と比較的小さく，ユニティ・ゲイン周波数は $4\,\mathrm{MHz}$，スルーレートも $20\,\mathrm{V}/\mu\mathrm{s}$ と良好です．

　図8-3に **AD711** を使ったバッファ回路を示します．この回路のポイントはOPアンプにも帰還抵抗 R_4 を付けたことです．R_4 を付けることで周波数特性はピークをもちますが，逆にこれで **AD711** の入力容量による電圧降下分を補償します．**図8-4**にこの回路の周波

〈図8-2〉
図8-1の回路の周波数特性

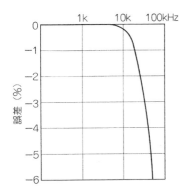

〈表8-1〉 汎用OPアンプ AD711 の仕様

型　名	回路数	入力オフセット電圧(mV)		ドリフト（$\mu\mathrm{V}/℃$）		入力バイアス電流(A)		GB積(MHz)	スルーレート($\mathrm{V}/\mu\mathrm{s}$)	動作電圧(V)	動作電流(mA)	メーカ	入力雑音電圧(nV/√Hz)@1kHz
		typ	max	typ	max	typ	max	typ	typ				
AD711J	1	0.3	3	7	20	20p			4	16	±4.5-18	2.5	AD	18

数特性を示します. 100kHz までフラットになっているのがわかります.

ほんとはこのままでも良いのですが, バッファ回路の前にアッテネータが入ることがあるので, それを考慮した保護回路として, ダイオード D_1 と D_2 には端子間容量の小さな **PIN ダイオード**(たとえば1SV99 など)を使っています.

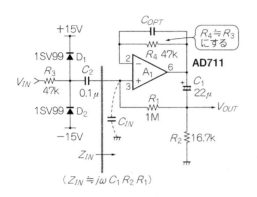

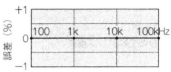

◀〈図 8-3〉
AD711 による改善した AC
入力用バッファ・アンプ

〈図 8-4〉
図 8-3 の回路の周波数特性

70 / 単電源で差動アンプを動作させるときの工夫

一般に, **差動アンプ回路は図 8-5** に示すような OP アンプを 3 個使った回路がポピュラですが, この回路は単電源では使えません. 問題が生じます. というのは, OP アンプ A_1 の出力が必ず負の方向に生じるため, その出力が 0 V 以下になる可能性があるからです.

このような問題を解決するための回路が**図 8-6** です. この回路のゲイン G は,

$$G = \frac{R_4}{R_G}$$

$$= \frac{100\,\mathrm{k}\Omega}{R_G} \quad \cdots\cdots\cdots\cdots\cdots\cdots\cdots\cdots\cdots\cdots\cdots\cdots\cdots\cdots\cdots\cdots\cdots\cdots\cdots\cdots (2)$$

で表されます. この回路では $R_G = 100\,\Omega$ にしているので, (2)式から $G = 1000$ になります. $R_1 \sim R_4$ の値は任意で選べますが, **同相電圧除去比** CMRR を最良にするためには, $R_1 \cdot R_2 = R_3 \cdot R_4$ の関係が必要です.

図 8-7 に単電源差動アンプの原理図を示します. 入力 $V_{IN(+)}$ は OP アンプ A_1 と A_2 の + 入力につながっています. したがって, $V_{IN(-)}$ 入力は $V_{IN(+)} > V_{IN(-)}$ の関係があるので, $V_{IN(-)}$ による A_2 の出力は必ず + 側に現れます.

いっぽう，OPアンプA_1のほうは非反転アンプになっているので，A_1の出力も必ず＋側に生じるため**図8-5**のようなことは起こらないのです．

この例ではゲインGを1000倍と大きくしているので，OPアンプA_1，A_2には高精度タイプの単電源OPアンプ**OP213**を使用しています．**表8-2**に**OP213**の仕様を示します．

なお，**図8-6**のままでは$V_{IN(-)}$入力側の入力抵抗がR_Gになるので，実用に耐えません．入力抵抗を大きくするときは**図8-8**のようにバッファを入れてください．

この回路は単電源用計装アンプIC **AMP04**（アナログ・デバイセズ社）で使用されていたものです．**図8-9**にAMP04の構成を示します．高価ですが，*CMRR*が調整ずみなのでたいへん便利なICです．

〈**図8-5**〉
一般の差動アンプ構成

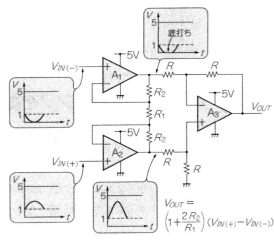

〈**図8-6**〉
単電源による差動アンプ構成

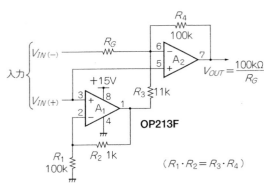

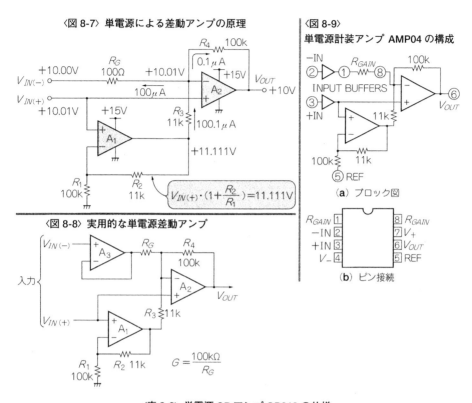

〈図 8-7〉単電源による差動アンプの原理

$$V_{IN(+)} \cdot \left(1 + \frac{R_2}{R_1}\right) = 11.111V$$

〈図 8-8〉実用的な単電源差動アンプ

$$G = \frac{100k\Omega}{R_G}$$

〈図 8-9〉
単電源計装アンプ AMP04 の構成

（a）ブロック図

（b）ピン接続

〈表 8-2〉単電源 OP アンプ OP213 の仕様

型　名	回路数	入力オフセット電圧(mV)		ドリフト(μV/℃)		入力バイアス電流(A)		GB積(MHz)	スルーレート(V/μs)	動作電圧	動作電流	メーカ	入力雑音電圧(nV/√Hz)@1kHz
		typ	max	typ	max	typ	max	typ	typ	(V)	(mA)		
OP213F	2		1.5		1.5		0.6μ	3.4	1.2	4-36	4	AD	4.7

71 差動アンプのコモン・モード電圧範囲を拡大する工夫

　通常の OP アンプを使用した差動アンプの構成を**図 8-10** に示しますが，このような回路の入力電圧範囲は電源電圧範囲内であることが条件になっています．たとえば ±15 V 電源で動作させたときは，余裕を見て ±10 V くらいまでがコモン・モード電圧範囲となります．

　同相電圧範囲を広くする工夫をした回路があります．**図 8-11** にその構成を示します．

　この回路では入力電圧を380kΩと20kΩの抵抗で入力電圧を1/20に減衰させています．そのため通常なら±10Vのコモン・モード電圧を，20倍の±200Vまで拡大することができます．ただし当然ですが，信号電圧（差動電圧）も1/20に減衰されるため，アンプのほうで20倍増幅する必要があります．見かけのゲインは$R_5/R_1 = 1$倍なのですが，**ノイズ・ゲイン**は$1 + R_5/R_4 = 20$倍もあるので注意が必要です（OPアンプのオフセット電

〈図8-10〉差動アンプの同相電圧範囲

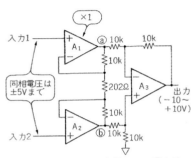

－10～＋10Vの出力電圧を得るには，ⓐ点が＋5V，ⓑ点が－5Vのように同相電圧は±5Vまでしか許されない（OPアンプの入力は±10Vまでとする）．例えばⓑ点10V，ⓐ点0Vでも出力は＋10Vにはなるが，ⓑ点がすでに＋10Vであるので＋側にはもはや同相電圧は印加できない

（a）　A₃がユニティ・ゲインのとき

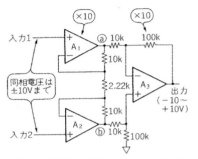

－10～＋10Vの出力電圧を得るには，ⓐ点が＋0.5V，ⓑ点が－0.5Vであればよいので，同相電圧は約±10Vまで扱える

（b）　A₃にゲインをもたせる

〈図8-11〉
同相電圧を拡大するようにした差動アンプ

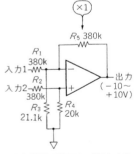

同相電圧はOPアンプの入力には1/20になって現われるので，OPアンプの入力範囲が±10Vだから±200Vまでの同相入力が可能．これをIC化したものにINA117がある

〈図8-12〉
大きな同相電圧を許容する計装アンプ INA117の構成

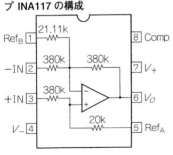

圧も 20 倍される).

ところで図 8-11 では，R_4 の値は 20 kΩ ですが，R_3 は 21.1 kΩ になっています．理由は R_3 の抵抗には OP アンプの帰還抵抗 R_5 = 380 kΩ が並列に入るため，R_3 と R_5 の合成抵抗は，$R_3 \cdot R_5 / (R_3 + R_5) \fallingdotseq$ 20 kΩ となるからです．

このように同相電圧を拡大した回路を IC 化した差動アンプに **INA117** があります．図 **8-12** にその構成を示しますが，もちろん *CMRR* も調整され，簡単に使えるようになっています．

72 / 高ゲイン・アンプの周波数特性を確保する工夫

ある仕事で**プログラマブル・ゲイン・アンプ**(外部からゲインを設定できるようにしたアンプ．以後 PGA という)が必要になりました．PGA は比較的ポピュラな回路で，専用 IC も市販されています．

ところが周波数特性が 200 kHz までフラットという広帯域の専用 IC は見かけません．そこで新規設計をすることになりました．ゲインは 0 〜 40 dB 必要で，しかも 200 kHz を超える周波数までフラットな特性というアンプは思った以上に難しく，しかもこれを汎用 OP アンプで作ることの難しさを併せて教えられました．

はじめに 20 dB のアンプの周波数特性を実験してみました．**図 8-13** に実験回路と特性を示します．汎用 OP アンプである **NE5532** は，100 kHz を超えるとすでに 0.1 dB が怪しくなっています．**NJM4580** も 200 kHz で 0.05 dB ほど誤差を生じています．**NE5532** と **NJM4580** の両者はデータ・シートを見ると *GB* 積は 10 MHz 以上もあって一見問題なく使えそうなのですが，＋側にピークが出るというのは，周波数特性の位相余裕が小さいのかもしれません．

〈図 8-13〉
OP アンプの周波数特性の実験
(ゲイン 20 dB)

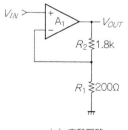

(a) 実験回路

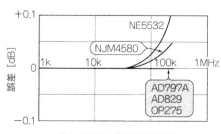

(b) OPアンプの周波数特性

図8-13(b)をもう一度見てください．**AD797A** と **AD829** は GB 積が 100 MHz を超えており（いわゆる高速 OP アンプ），高性能なことはわかっています．いっぽう，**OP275** は汎用 OP アンプながら特性的には健闘しています．**OP275** の GB 積は 9 MHz，スルーレートは 22 V/μs と **NE5532** とほぼ同じながら，周波数特性には大きな差が現れました．

非常に重要な特性の違いですが，この当たりの微妙な特性はデータ・シートからはわかりません．

この回路では結局 **OP275** を使用し，図8-14 のように 0/10/20 dB を 2 段構成にして，これを**アナログ・スイッチ**で切り替えることにしました．**OP275** なら汎用 OP アンプだし，オフセット電圧も 1 mV(max) と小さいので十分使用できると判断したからです．なお，$R_1 = 200\,\Omega$ とすると $R_2 = 432.4\,\Omega$，$R_3 = 1.368\mathrm{k}\,\Omega$ となりますが，こんな半端な抵抗値はないので 2 本の抵抗を直列あるいは並列につないで作っています．

ほんとは 30 dB まで一つの OP アンプで賄いたかったのですが，さすが 30dB 以上ともなると特性をキープできるのは **AD829** くらいしかありませんでした．

表8-3 に **OP275** の仕様を示します．**OP275** には低オフセット電圧タイプの **OP285** もあるので，併せて示しておきます．

〈図 8-14〉
0 〜 40dB のプログラマブル・ゲイン・アンプ($f = 200$ kHz)

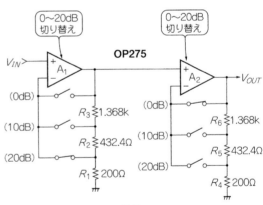

〈表8-3〉汎用 OP アンプ OP275/285 の仕様

型　名	回路数	入力オフセット電圧(mV)		ドリフト(μV/℃)		入力バイアス電流(A)		GB積(MHz)	スルーレート(V/μs)	動作電圧	動作電流	メーカ	入力雑音電圧(nV/√Hz)@1kHz
		typ	max	typ	max	typ	max	typ	typ	(V)	(mA)		
OP275G	2		1	5		0.1μ		9	22	±4.5-22	5	AD	6
OP285	2	0.035	0.25	1		0.1μ		9	22	±4.5-22	5	AD	6

73／ロー・ノイズ OP アンプを使ったプログラマブル・ゲイン・アンプ回路

今度は 1 MHz までのアンプでの話です．しかもゲインが最大 60 dB になることから，先の図 **8-13**(**b**)から **AD797A** を使用することにしました．この OP アンプは図 **8-15** に示すように，10 Hz～10 MHz までノイズ特性を規定しているので安心して使えます．

はじめは汎用 OP アンプでうまくできないかと考えましたが，ノイズ特性を規定している周波数はオーディオ周波数までのものが多く，今回は断念しました．有名な **LM833** でも，図 **8-15** に示すように 100 kHz までのデータしか載っていません．参考までに，表 **8-4** に筆者が調べた汎用の**ロー・ノイズ OP** アンプを示します．

図 **8-16** が **AD797A** を使ったプログラマブル・ゲイン・アンプです．ゲインは 10 dB おきに 0～60 dB までを設定できます．入力抵抗 100 Ω とアナログ・スイッチの ON 抵抗で入力雑音電圧密度はおよそ 2～3 nV/√Hz になります．周波数帯域は DC～1 MHz です．

なお，この回路において，R_1 と R_{10} の 100 Ω は **AD797A** をゲイン 1 で使用するときに必要な抵抗です．**AD797A** のデータ・シートに記載されています．

ゲイン設定用の抵抗 R_2～R_9 は必要な精度に合わせて選びます．ここでは 0.1 ％精度の抵抗を使用しました．半端な値の抵抗値は 2 本の抵抗を直列につないで作ります．このとき 2 本とも 0.1 ％が必要ではなく，たとえば 1.23 kΩ なら 0.1 ％精度の 1.2 kΩ と 1 ％精度の 30 Ω で十分です．

〈図 8-15〉
各種ロー・ノイズ OP アンプの周波数特性

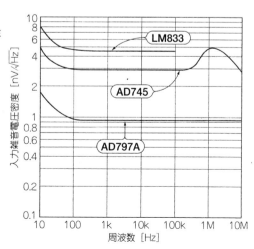

〈表 8-4〉汎用のロー・ノイズ OP アンプ

型 名	回路数	入力オフセット電圧(mV)		ドリフト(μV/℃)		入力バイアス電流(A)		GB積(MHz)	スルーレート(V/μs)	動作電圧	動作電流	メーカ	入力雑音電圧(nV/√Hz)@1kHz
		typ	max	typ	max	typ	max	typ	typ	(V)	(mA)		
LM833	2	0.5	5	2		500n	1000n	15	7	± 15	5	NS	4.5
NE5534A	1	0.5	4		23	500n	1000n	10	6	± 15	4	PH	3.5
NE5532A	2	0.5	4		23	200n	800n	10	9	± 15	8	PH	5
NJM2114	2	0.2	3			500n	1800n	13	15	± 15	9	NJ	3.3
μPC4572	2	0.3	5			100n	400n	16	6	± 15	4	NE	4
μPC815C	1	0.02	0.06	0.3	1.5	10n	55n	7	1.6	± 15	3	NE	2.7
MAX412	2	0.12	0.25	1		80n	150n	28	4.5	± 15	5	MA	1.8
MC33078	2	0.15	2	2		300n	750n	16	7	± 15	4.1	MA	4.5
LT1126C	2	0.025	0.1	0.4	1.5	8n	30n	65	11	± 15	5.2	LT	2.7
LT1124C	2	0.025	0.1	0.4	1.5	8n	30n	12.5	3.8	± 15	5	LT	2.7
OP3270G	2	0.05	0.25	0.7	3	15n	60n	5	2.4	± 15	4.5	AD	3.2
OP213F	2		0.15		1.5		600n	3.4	1.2	± 15	4	AD	4.7
OP284F	2		0.175	0.2	1.75	80n	300n	4.25	4.5	± 15	3.5	AD	3.9

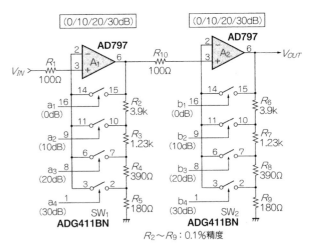

〈図 8-16〉
0 〜 60dB のプログラマブル・
ゲイン・アンプ($f = 1\,\mathrm{MHz}$)

74 / 低雑音が要求されるチャージ・アンプ回路

　チャージ・アンプはチャージ・センシティブ・アンプとか**電荷アンプ**とか呼ばれ，セン
サの電荷に比例した電圧を出力します．**図 8-17** にチャージ・アンプの基本回路を示しま

す.

　センサで発生した電荷を Q_S（クーロン）とすると，この回路の出力電圧 V_{OUT} は，

$$V_{OUT} = \frac{Q_S}{C_f} \cdots\cdots\cdots\cdots\cdots\cdots\cdots\cdots\cdots\cdots\cdots\cdots\cdots\cdots\cdots\cdots\cdots (3)$$

で表されます. センサで生成される電荷は，この場合は**放射線エネルギ**の大きさに比例するので，チャージ・アンプを使うとエネルギ分析が可能になります.

　このようなチャージ・アンプのゲインを決める帰還コンデンサ C_f は，容量が1pF程度と小さいので，**温度補償型セラミック・コンデンサ**がぴったりです. CH タイプ（60 ppm/℃）または CG タイプ（30 ppm/℃）が入手できます.

　図 8-17(b) に，OP アンプで作ったチャージ・アンプを示します. 帰還抵抗 R_f は OP アンプが飽和しないように DC レベルを安定させるために必要です（R_f がないと積分回路になってしまい，出力は飽和してしまいます）. また，R_f と C_f で低域側のカットオフ周波数 f_{CH} が決まります. この f_{CH} は，

$$f_{CH} = \frac{1}{2\pi \cdot C_f \cdot R_f} \cdots\cdots\cdots\cdots\cdots\cdots\cdots\cdots\cdots\cdots\cdots\cdots\cdots (4)$$

です. たとえば $C_f = 1\,\text{pF}$，$R_f = 47\text{M}\Omega$ のときは,（4）式より $f_{CH} \fallingdotseq 3.4\,\text{kHz}$ になります. そのため，f_{CH} よりも低域側のゲインはなくなるので注意してください.

　通常ロー・ノイズＯＰアンプといったらバイポーラ入力型が主流です. しかし，バイポーラ入力型は入力バイアス電流も大きく（当然ノイズ電流も大きい），このような用途には適しません. そこで，**ロー・ノイズ FET** の助けを借りるわけです.

　図 8-18 にロー・ノイズ化した実際のチャージ・アンプの例を示します. これは**放射線**

〈図 8-17〉**基本的なチャージ・アンプ回路**

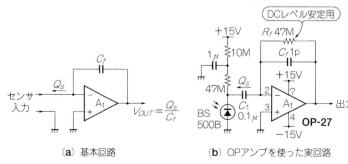

（**a**）基本回路　　　　　　　（**b**）OPアンプを使った実回路

センサ用の回路です．**図8-19**に放射線センサの外観と等価回路を示しますが，写真のようにセンサの面積が大きいので容量 C_J が大きく（2000 pF 程度），そのため FET には低雑音特性が要求されます．たとえば，この回路では $C_f = 1\,\mathrm{pF}$ に選んでいるので，回路のノイズ・ゲイン G_N は，

$$G_N \fallingdotseq C_J / C_f$$
$$= 2000 / 1 = 2000$$

にもなってしまいます．すなわち，入力ノイズ電圧は 2000 倍もされてしまうのです．そ

〈**図8-18**〉**放射線検出用チャージ・アンプ回路**

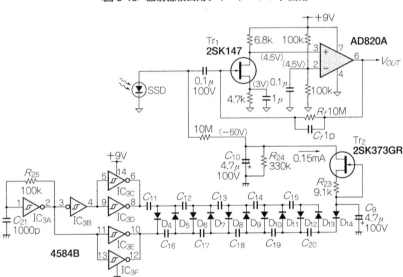

〈**図8-19**〉**放射線センサの構成**〔(株)レイテック〕

(**a**) サーフェース・バリア型放射線センサ

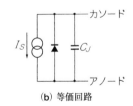

(**b**) 等価回路

のためチャージ・アンプでは初段にロー・ノイズ FET を使用するのが一般的です．FET なのでゲート電流(OP アンプの入力バイアス電流に相当)が小さく，帰還抵抗 R_f の値も大きくすることができます．

この回路では初段 FET には **2SK147** を使用しています．この FET の入力ノイズ電圧密度は約 0.7nV/$\sqrt{\text{Hz}}$ @10 mA ですが，信号電荷がけっこう大きく，ここまでの値は必要ないので，ドレイン電流は(9 V − 4.5 V)/6.8 kΩ = 0.7 mA にしています．

このときの FET の相互コンダクタンス gm は約 10 mS(ミリ・シーメンス)なので，FET 段でのゲインは 6.8 kΩ × 10 mS = 68 倍になります．初段で 68 倍もゲインを稼いでいるので，次段の OP アンプには低雑音特性は要求されません．汎用 OP アンプ(バイポーラ入力でもかまいません)で十分です．ただし，ここでは 9 V バッテリ動作だったので，消費電流の関係で **AD820A** を使用しています．

また **図 8-19** に示すようにセンサには容量 C_J があるので，通常は逆バイアスをかけて使用します．バイアス電圧をかけることによって C_J を小さくできるからです．この回路では −50 V のバイアスが必要だったので，+9 V の電源電圧から**倍電圧整流**(コッククロフト・ウォルトン)回路を使って作っています．

75／パワー MOS ドライブには容量負荷に強い OP アンプを使う

パワー MOS FET は定格によっても違いますが，かなり大きなゲート容量をもっています．スイッチング電源や DC-DC コンバータのような ON/OFF 的な応用だけなら発振についてあまり心配することはありませんが，リニア動作させるときは発振に対する考慮も重要になります．

たとえば通常の OP アンプは，負荷に 100 pF も付くものなら簡単に発振してしまうことがあります．パワー MOS では 1000 pF 以上の容量のものもざらにあります．パワー MOS は出力電流容量の大きさに比例して，**ゲート静電容量**も大きくなっています．大きな容量をつないでも発振しない OP アンプが必要です．

第 7 章でも紹介したように，容量負荷でも発振しない高速 OP アンプが市販されています．これらの OP アンプは無限大容量にも安定なので，パワー MOS FET ドライブなどの応用には最適です．

試しに **AD847** に 1 μF をつないでドライブしてみましたが，ピークも出ず安定なことがわかりました(**写真 8-1**)．なお，パワー MOS ドライブにおけるこの波形の**スルーレー**

トは，OPアンプの出力電流で決まります．OPアンプの出力電流 I_{OUT} が大きいほど負荷
容量をすばやく充電できるので，応答スピードは速くなります．このときの電圧変化(ス
ルーレート)dV/dt は，

$$dV/dt = I_{OUT}/C_L \quad\text{……………………………………………… (5)}$$

で表されます．ここで使用した **AD847** の出力電流 I_{OUT} (max)は約 30 mA ですから，1 μF
を 5 V 変化させるには約 170 μs かかります．したがって，使用する MOS FET のゲート
容量が 0.01 μF なら 1.7 μs で，0.1 μF なら 17 μs で応答します．

　図 8-20 にパワー MOS FET を使用した**定電流回路**の例を示します．OPアンプ電源は
フローティングにしているので別電源が必要ですが，この回路は，基準電圧 V_{REF} = 2.5 V
なので，$R_1 \cdot I_{OUT}$ = 2.5 V になるように動作します．たとえば，R_1 = 1 Ω とすると，I_{OUT}
= 25 A になります．

〈写真 8-1〉
高速 OP アンプ AD847 による容量負荷ド
ライブ(C_L = 1 μF)

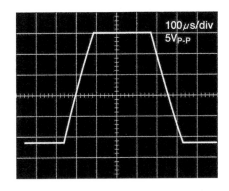

〈図 8-20〉
パワー MOS を使った定電流
回路

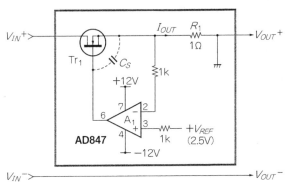

76 / 単電源 OP アンプが生きる加速度センサ用電源回路(3V/1.25A)

図 8-21 はストレイン・ゲージ加速度センサのドライブ電源用として作った回路です. ストレイン・ゲージ・センサには励振用の基準電源は付き物です. ここでは数十チャネルものセンサが接続されるので, 最大電流 1.25 A が必要になりました. 回路自体は基本的な構成なので, ここでは要点だけ説明します.

この回路は仕様より +5 V 入力だけで動作することが条件でした. したがって, トランジスタ Tr_1 と Tr_2 による電圧ロスは 2 V しか許されません. Tr_1 と Tr_2 は(1.25 A も出力するので)**ダーリントン接続**となり, ここでの電圧ロス分は, それぞれのベース-エミッタ間電圧の和(約 1.4 V)と Tr_2 のコレクタ-エミッタ間飽和電圧(0.3 V 程度)を加算したものになります. 総和は 1.4 + 0.3 = 1.7 V となって, 2 V 以内に収まっています.

OP アンプ A_1 には, 出力電圧の 3 V に Tr_1 と Tr_2 のベース-エミッタ間電圧の和(約 1.4V)を加算した値 3 + 1.4 = 4.4 V 以上の出力電圧が必要です. 5 V 電源で 4.4 V を出力するというのは, 汎用 OP アンプではちょっと無理があります. **AD820**(**AD822** の 1 回路入り)ならレール to レール出力なので, この条件をクリアしています.

トランジスタ Tr_1 と Tr_2 は, 出力電流が 1.25 A と比較的大きいのでダーリントン接続と

〈**図 8-21**〉 **単電源レール to レール OP アンプを使った 3 V/1.25 A 電源回路**

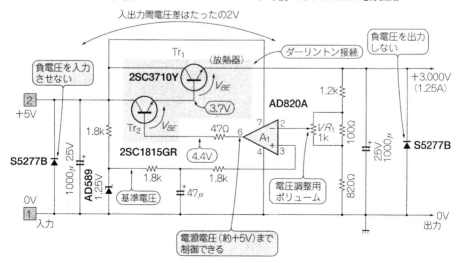

して h_{FE} を稼いでいます．その結果，OPアンプの出力電流(すなわち Tr_2 のベース電流)はほとんど流れません．なお，Tr_1 で消費する電力 P は，

$$P = 1.25\,A \times (5\,V - 3\,V) = 2.5\,W$$

ですから，これに見合った放熱器が必要です．

無負荷時と最大電流出力時の電圧変動はグラウンドの引き回しが大きく影響します．そのことを配慮して，グラウンド・ラインを太くすれば変動は0.1％以内に収まります．

表8-5 に **AD820A** の仕様を示します．

〈表8-5〉 単電源 OP アンプ AD820A の仕様

型 名	回路数	入力オフセット電圧(mV)		ドリフト($\mu V/℃$)		入力バイアス電流(A)		GB積(MHz)	スルーレート(V/μs)	動作電圧	動作電流	メーカ	特徴	入力雑音電圧(nV/√Hz)@1kHz
		typ	max	typ	max	typ	max	typ	typ	(V)	(mA)			
AD820A	1	0.1	0.8	2		2p	25p	1.8	3	3-36	0.62	AD	RO	16

特徴：RO＝レール to レール

77 / ロー・パワー OP アンプを使った高電圧安定化電源回路

センサを使う仕事をしていると，**高電圧安定化電源回路** が必要になることがあります．ここで紹介するのは，**光センサ用バイアス電源** です．出力電圧は80 V，電流は0.1 mA 程度のものです．

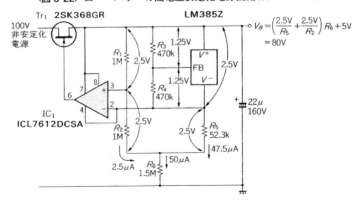

〈図 8-22〉 ロー・パワーの高電圧安定化電源回路(80 V/0.1 mA)

はじめは電源用 IC としてポピュラな 3 端子レギュレータを使うことを検討していたのですが，耐圧が 30 V 程度しかないので使用できず，**図 8-22** に示すような回路になりました．わずか 50 μA の回路電流で動作するところがこの回路の自慢です．

まず，安定化用の**基準電源用 IC** にはロー・パワーの **LM385Z** を使用します．LM385Z の仕様を**表 8-6** に示しますが，最小動作電流が 7 μA と小さいのが特徴です．ただし，この値は出力電圧が 1.25 V のときで，**図 8-22** の使い方では出力電圧が 2.5 V になるので，およそ 20 μA になります．R_3 と R_4 の電圧はそれぞれ 1.25 V ですから，R_1 と R_2 の電圧はそれぞれ 2.5 V になります(OP アンプがそうなるように Tr_1 をコントロールする)．その結果，R_5 の電圧も 2.5 V になります．

したがって，R_6 には$(2.5\,V/R_2) = 2.5$ μA と$(2.5\,V/R_5) = 47.5$ μA の合計 50 μA の電流が流れるので，出力電圧 V_B は，

$$V_B = 50\ \mu A\ \cdot\ R_6 + 5\ V \cdots\cdots\cdots\cdots\cdots\cdots\cdots\cdots\cdots\cdots\cdots\cdots\cdots\cdots\cdots\cdots\cdots (6)$$

となります．

図 8-22 では $R_6 = 1.5\,M\Omega$ ですから，(6)式より $V_B = 80\,V$ になります．Tr_1 には耐圧の大きい **2SK368** を使用していますが，できればもう少し高耐圧のものが欲しいところです．**表 8-7** に 2SK368 の仕様を示します．

さて，この回路はいかにロー・パワーで高電圧安定化を実現するかがポイントでした．そのため，OP アンプには **ICL7612** という CMOS ロー・パワー OP アンプを使っています．この OP アンプは**図 2-16**(p.44)に示したように電源電流を 3 段階に設定できますが，ここでは 10 μA に設定しています．

R_5 には **ICL7612** と LM385Z の回路電流(約 30 μA)が流れるので，R_5 にはそれ以上の電流(ここでは 47.5 μA)が流れるようにします．また**図 8-22** でわかるように，OP アンプの－入力(2 ピン)が負電源(4 ピン)につながっています．そのため，OP アンプには 0 V 入力できる単電源 OP アンプが必要です．

〈表 8-6〉ロー・パワー基準電源 IC
LM385Z の仕様

基準電圧	1.24 V
温度係数	150 ppm/℃ max
電圧可変範囲	1.24 ～ 30 V
最小動作電流	7 μA($V_R = 1.24\,V$)
フィードバック電流	16 nA

〈表 8-7〉FET 2SK368GR の仕様

ゲート-ドレイン間電圧	$-100\,V$
I_{DSS}	2.6 ～ 6.5 mA
順方向アドミタンス	4.6 mS
入力容量	13 pF
帰還容量	3 pF

これを考えた当時(7, 8年前)はこの回路で十分と思っていたのですが，最近のロー・パワー OP アンプを使えばさらに小さな電源電流で動作させることができそうです．

78 / 信号の絶縁を行うときはアイソレーション・アンプを使用する

アイソレーション(絶縁)アンプは，アナログ信号の入力側と出力側を電気的に絶縁するものです．目的の多くは，保安用だったり同相電圧ノイズを除くことです．絶縁の方法には，次に示す**フォト・カプラ**を利用したものや**トランス**を利用したものなどさまざまですが，きわめて大きな *CMRR* を期待することができます．しかも，上手に作れば1000 V を超えるような大きい同相電圧にも耐えることができます．

しかし欠点もあります．一つは高精度の絶縁を行うために多くが変調方式を採用しており，その結果ノイズが大きいことです．もう一つは値段が高いことです．

アイソレーション・アンプの使い方は難しくはありません．ここでは**AD208AY** というアイソレーション・アンプを使う例を紹介します．**図 8-23** にアンプの構成を示します．

〈図 8-23〉 汎用絶縁アンプ AD208 の構成

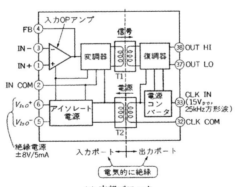

(a) 内部ブロック

型　名	最大コモン・モード電圧(V_{rms})	*CMRR*(dB)	ゲイン誤差(%)	出力電圧(V)	帯域幅(kHz)	オフセット電圧(mV)	オフセット・ドリフト($\mu V/℃$)
AD208AY	750	$100(G = 1)$ $120(G = 10)$	$-1(2.5\,\text{max})$	± 5	$4.0(G = 1)$ $0.4(G = 1000)$	$10 + 20/G$	$10 + 10/G$

(b) 電気的特性

　図8-24が実験回路です．図の接続でゲイン1:1のアンプができあがります．AD208で
は±5V出力がFS(フルスケール)なので，入力電圧も±5V$_{FS}$になります．AD208の電源
は別電源から供給するのでなく，15V振幅の方形波(25kHz，50％デューティ)を電源と
します．電流は10mA程度なので，この実験では方形波発振器から供給しました．
　写真8-2は100Hzの正弦波を入力したときの出力波形です．なかなかきれいです．
　図8-25が実験からの特性です．図(a)に周波数特性を示します．入力電圧は2.3V$_{RMS}$で
すから，ほぼフルスイングに近い状態です．図より−3dB周波数は約6.3kHzであること
がわかります．図(b)に肝心のCMRR特性を示します．50Hzで110dB以上(ゲイン1)と
いう非常に大きな同相電圧の除去能力をもっていることがわかります．
　なお，CMRRという言葉は差動アンプでもよく登場しますが，アイソレーション・ア
ンプでは絶縁モードでの同相電圧除去比のことなので，*IMRR*という言葉を使用すること

〈図8-24〉AD208AYの*CMRR*特性測定の実験

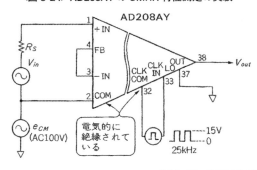

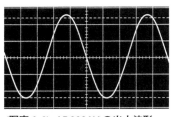

〈写真8-2〉AD208AYの出力波形
（±10V/*f*＝100Hz）

〈図8-25〉AD208AYの特性

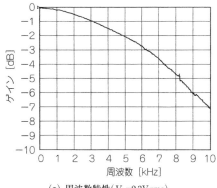

(a) 周波数特性(*V$_{in}$*=2.3Vrms)

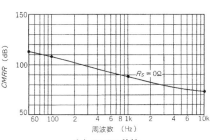

(b) *CMRR*特性

もあります.

AD208の最大同相電圧は**図8-23**より750 V_{RMS}ですが,数千V以上のものも市販されています.アイソレーション・アンプは同相ノイズ対策には非常に効果的なアンプなのですが,値段が数千〜数万円はしてしまうので,筆者の場合はよほどのことがない限り使用する機会がありません.安価になれば使ってみたい魅力的なアンプです.

---

79 / ロー・パワー OP アンプとフォト・カプラを使った電流ループ用絶縁アンプ

4〜20 mA 電流ループというのは,計装用工業計器に使われている統一電流信号のことです.ロー・パワー OP アンプとフォト・カプラを利用した,この電流ループ用の絶縁アンプ回路を**図8-26**に示します.

図8-26において,入力電流I_{IN}はフォト・カプラ PC_1 の LED に流れますが,この LED には電圧降下(1〜2V程度)が生じます.この LED による電圧降下分だけで動作する OP アンプがあれば,絶縁アンプが作れそうです.

フォト・カプラ PC_1 には**CNR201**(ヒューレット・パッカード社)を使用します.**図8-27**に CNR201 の構成を示します.CNR201 の内部には発光ダイオード LED と特性の揃った1対のフォト・ダイオード PD_1 と PD_2 が内蔵されています.この回路ではフォト・ダイオード PD_1 には LED 電流に比例した光電流 I_{PD1} が流れますが,光電流 I_{PD1} と(I_{IN}・R_1/R_2)が等しくなったところで回路は安定します.そうなるように OP アンプ A_1 が LED 電流を制御してくれます.

$R_2 = 10 k\Omega$,$R_1 = 25 \Omega$ですから,

$$I_{PD1} = I_{IN} \cdot R_1/R_2$$

$$= I_{IN}/400 \quad \cdots\cdots\cdots\cdots\cdots\cdots\cdots\cdots\cdots\cdots\cdots\cdots\cdots\cdots\cdots\cdots\cdots (7)$$

になります.PC_1 の効率は 0.5%(1/200)程度ですから,Tr_1 で 4〜20 mA の半分の 2〜10 mA を受けもっていることがわかります.たとえば$I_{IN} = 10 mA$ のときは PC_1 の LED に 5 mA,Tr_1 に 5 mA 流れることになります.

フォト・カプラのもう一つのフォト・ダイオード PD_2 には,光電流 I_{PD2} が流れます.$I_{PD1} \fallingdotseq I_{PD2}$(高精度マッチングがこのフォト・カプラの特徴)なので,OP アンプ A_2 からは I_{IN} に比例した出力電圧が得られます.

この回路にはロー・パワーで単電源動作の OP アンプが必要ですが,ここでは**OP90**を使用しています.**OP90**は出力電圧をほぼ0Vまで出力できるレール to レール OP アン

〈図 8-26〉4-20 mA 用電流ループ用絶縁アンプ

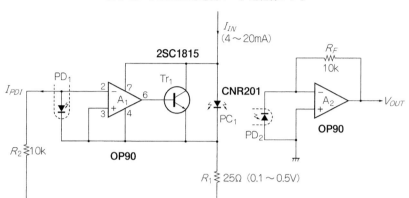

〈図 8-27〉高精度マッチング・フォトカプラ CNR201 の構成

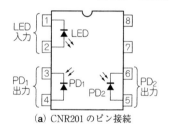

(a) CNR201 のピン接続

ゲイン	温度係数 (ppm/℃)	DC 直線性 (%)	電流伝達 比 (%)	入出力間容量 (pF)
0.95 〜 1.05	− 65	0.05 max (5 nA〜50 μA)	0.48	0.6 max

(b) CNR201 の仕様

プです.

　この回路は構成が簡単なところが特徴で，精度も 0.1 ％をクリアしています．しかし，フォト・カプラ PC₁ の効率が 0.5 ％しかないため，絶縁アンプとして重要な *IMRR*(絶縁モードでのコモン・モード電圧除去率)がやや小さいという欠点があります.

第9章
アッテネータ&フィルタ回路
実践ノウハウ

80 / AC入力用アッテネータでは周波数補正が不可欠

入力アンプ…プリアンプを作るとき,**レンジ切り替え**が必要になることがよくあります.入力電圧が小さいときはプログラマブル・ゲイン・アンプを使うことになりますが,入力電圧が数十V以上と大きいときは,**アッテネータ**で信号レベルを適正値まで減衰させる必要があります.

図9-1はごく一般的なレンジ切り替え回路ですが,$R_1 \sim R_3$のアッテネータを使って2V/20V/200VレンジをスイッチSW_1で切り替えています.2Vレンジでは入力電圧V_{IN}がそのままOPアンプA_1に入力されますが,20Vレンジでは1/10,200Vレンジでは1/100にアッテネートされます.

入力信号がDCであるならこの回路でとくに問題ないのですが,入力信号周波数が10

〈図9-1〉
DCでなら使えるアッテネータ

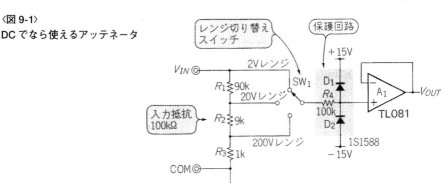

kHz 以上になると精度が悪化してしまいます. 回路の入力抵抗が $(R_1 + R_2 + R_3) = 100\,\mathrm{k\Omega}$ と高いので, **図9-2** に示すように OP アンプの入力容量やダイオードの端子間容量などで**ローパス・フィルタ**を構成してしまい, 周波数が高くなるほど信号が減衰してしまうからです.

図9-3 に**図9-1** の回路の周波数特性を示しますが, これは一番特性が良いと思われる 2 V レンジでの特性です. ここでは OP アンプに **TL081** という FET 入力の汎用 OP アンプを使用しましたが, 100 kHz で−14％もの出力低下がありました. FET 入力 OP アンプは, 入力抵抗は高いのですが, **入力容量も大きい**のです.

AC 入力を受けるアッテネータではこのようなことがよく起きるので, 通常は**図9-4** に示すようにアッテネータに**周波数補正用コンデンサ** $C_1 \sim C_3$ を入れて, それぞれのレンジの周波数特性を補償します. $C_1 \sim C_3$ の値は数 pF ～数十 pF 程度ですが, 固定コンデン

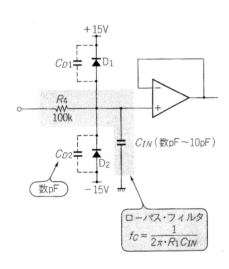

〈図9-2〉
入力抵抗と入力容量とで見えない
ローパス・フィルタが構成される

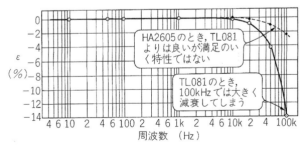

〈図9-3〉
図9-1 の回路の周波数特性

サだったり**トリマ・コンデンサ(写真9-1)**だったりします. こうすれば良好な周波数特性が得られます. アッテネータ抵抗を1 MΩや10 MΩと高くしても大丈夫です.

〈図9-4〉
AC入力用アッテネータでは
周波数補正コンデンサが必要

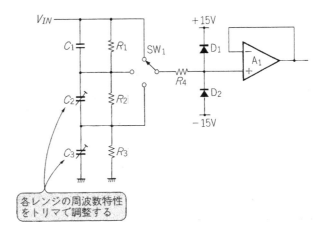

各レンジの周波数特性
をトリマで調整する

〈写真9-1〉 セラミック・コンデンサ・トリマ

81 / 反転アンプでアッテネータを構成したいとき

反転アンプはゲインを1以上に大きくするだけではなく, ゲインを1以下に小さくすることもできます. **図9-5**に**反転アンプ**を使ったアッテネータ回路を示します.

この回路のゲインはそれぞれ,

$$G_1 = -R_2/R_1 = -100\,\mathrm{k\Omega}/100\,\mathrm{k\Omega} = -1$$

$$G_2 = -R_3/R_1 = -10\,\mathrm{k\Omega}/100\,\mathrm{k\Omega} = -0.1$$

$$G_3 = -R_4/R_1 = -1\,\mathrm{k\Omega}/100\,\mathrm{k\Omega} = -0.01$$

になります．したがって，それぞれ測定レンジは2V/20V/200Vです．

　もしもOPアンプの周波数特性が理想的であるなら，A_1の－入力は**イマジナリ・ショ
ート…仮想接地点**(OPアンプの二つの入力間の電圧差はゼロ)なので，OPアンプの入力
容量の影響は軽減されるはずです．しかし実際には**図9-6**に示すように，100kHzで＋
4.3%の誤差が生じました．これはOPアンプの入力容量と帰還抵抗によって**ポール**がで
きたためで，このピークが見えだすとOPアンプは発振ぎみになります．

　また**写真9-2**に示すように，100kHzという(汎用OPアンプにとって)高い周波数では
イマジナリ・ショートの関係もくずれてしまいます．OPアンプの**ループ・ゲイン**が不足
するためで，これはOPアンプを高速タイプに交換すれば改善されそうです．高速OPア
ンプは入力容量も小さいので，**図9-6**にあったようなピークも小さくなるはずです．

　図9-7は，OPアンプを**TL081**より高速の**HA2605**に変えたときの特性です．100kHz
まではどのレンジも1%以内の精度に収まっています．**HA2605**は少し古いOPアンプで，

〈図9-5〉
バッファとアッテネータ
を兼ねた反転アンプ

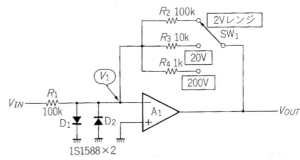

〈図9-6〉
図9-5の回路の周波
数特性

〈図9-7〉
図9-5の回路でOPア
ンプを高速のHA2605
に変えたとき

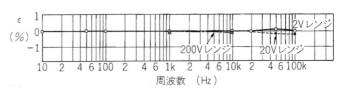

当時は 1000 円くらいしました．今では **HA2605** 以上の性能をもつ高速 OP アンプがもっと安く入手できます．たとえば **OP275** などを使うのが良いでしょう．

図 9-8 に入手しやすい高速 OP アンプ **LM318** を使った回路を紹介しておきます．帰還抵抗に付いているコンデンサは位相補償(発振止め)用です．また，スイッチ SW_1 はできれば 3 連のロータリ・スイッチを使用しましょう．そして**スイッチの浮遊容量を小さくす**るために，図のように使用していないスイッチは GND につながるようにします．こうすることで，スイッチ間の浮遊容量が帰還抵抗と並列に接続されるのを防止します．

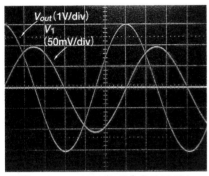

<写真 9-2> f_{IN} = 100 kHz のときの TL081 の一入力端子波形…イマジナリ・ショートが崩れている

<図 9-8> LM318 を使った**反転型アッテネータ**

使わない端子はすべてグラウンドへ接続する．

SW₁
C_1 100p
R_4 1k
C_2 10p
R_3 10k
C_3 1p (省略可)
R_2 100k
$C_1 \sim C_3$：発振防止

V_{IN}　R_1 100

$-V_{OUT}$

82／高周波アッテネータは固定インピーダンスで設計する

　1 MHz 以上の高周波になってくると，アッテネータ回路は 50 Ω あるいは 75 Ω の固定インピーダンスで設計したほうが簡単に作れます．

　図 9-9 に 50 Ω インピーダンスのアッテネータ回路を示します．これ以外の減衰量が欲しいときは図中の計算式から R_1 と R_2 の抵抗値求めます．

　高周波用アッテネータとしては T 型または π 型(アッテネータの形が T または π の字になっている)が使用されますが，T 型では抵抗値が小さくなるので，筆者は π 型のほうをよく使用します．スイッチや配線抵抗による誤差を小さくできるからです．

　図 9-10 に実際のアッテネータの構成例を示します．図(a)は **T 型アッテネータ**，図(b)は π 型アッテネータのときです．インピーダンスは 50 Ω で計算していますが，75 Ω が必

要なときは各抵抗値を 75 Ω/50 Ω＝1.5 倍します.

　固定インピーダンス式アッテネータの特徴は，いもづる式にどんどんアッテネータ・ブロックをつないでいけることです.**図 9-10** では，10 dB と 20 dB の二つのアッテネータ・ブロックをトグル・スイッチや高周波リレーなどで切り替えて，減衰量 0 ～ 30 dB 間を 10 dB ステップで設定することができます.

　なお，1 段当たりの減衰量が 30 ～ 40 dB を超えるときは，入出力間の浮遊容量によるクロストーク(漏れ)によって必要な減衰量が得られないことがあります. これは周波数が高くなるほど顕著に現れるので注意してください.

　信号周波数が数十 MHz を超える場合は，アッテネータ・ブロックごとにアルミ板か銅

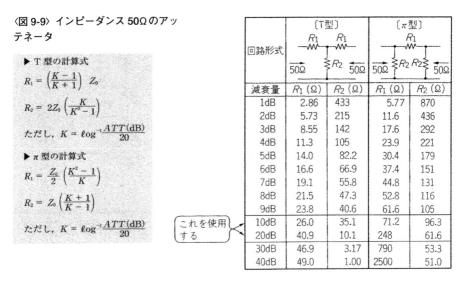

〈図 9-9〉インピーダンス 50Ω のアッテネータ

▶ T 型の計算式

$$R_1 = \left(\frac{K-1}{K+1}\right) Z_0$$

$$R_2 = 2Z_0 \left(\frac{K}{K^2-1}\right)$$

ただし, $K = \log^{-1}\dfrac{ATT\,(\mathrm{dB})}{20}$

▶ π 型の計算式

$$R_1 = \frac{Z_0}{2}\left(\frac{K^2-1}{K}\right)$$

$$R_2 = Z_0 \left(\frac{K+1}{K-1}\right)$$

ただし, $K = \log^{-1}\dfrac{ATT\,(\mathrm{dB})}{20}$

回路形式	〔T型〕		〔π型〕	
減衰量	$R_1\,(\Omega)$	$R_2\,(\Omega)$	$R_1\,(\Omega)$	$R_2\,(\Omega)$
1dB	2.86	433	5.77	870
2dB	5.73	215	11.6	436
3dB	8.55	142	17.6	292
4dB	11.3	105	23.9	221
5dB	14.0	82.2	30.4	179
6dB	16.6	66.9	37.4	151
7dB	19.1	55.8	44.8	131
8dB	21.5	47.3	52.8	116
9dB	23.8	40.6	61.6	105
10dB	26.0	35.1	71.2	96.3
20dB	40.9	10.1	248	61.6
30dB	46.9	3.17	790	53.3
40dB	49.0	1.00	2500	51.0

これを使用する

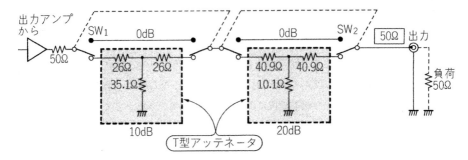

〈図 9-10〉30 dB のアッテネータを構成するには①(T 型のとき)

出力アンプから

SW₁　0dB　　　0dB　SW₂　　50Ω 出力

50Ω

26Ω　26Ω
35.1Ω
10dB

40.9Ω　40.9Ω
10.1Ω
20dB

T型アッテネータ

負荷 50Ω

〈図 9-10〉30 dB のアッテネータを構成するには②（π型のとき）

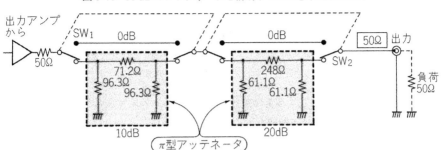

板でできた**シールド板**を入れることをお勧めします.

　図 9-11 はロータリ・スイッチを使った 75 Ω アッテネータ回路です. 入力周波数が 10 MHz 程度だったので, 小型のロータリ・スイッチ MR3-4〔3 回路 4 接点, (株)フジソク〕を使用しました. なお, ロータリ・スイッチの中にはアース端子を内蔵して, 接続されている以外のスイッチがそのアース端子に接続される構造のものもあります. これらは**浮遊容量**の影響を軽減したいときに有効です. MR3-4S というように, 最後にＳが付いたタイプです. **写真 9-3** にアース端子付きロータリ・スイッチの例を示します.

〈図 9-11〉ロータリ・スイッチを使用したアッテネータ

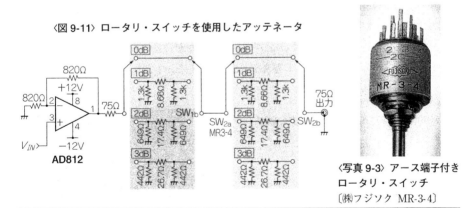

〈写真 9-3〉アース端子付き
ロータリ・スイッチ
〔㈱フジソク MR-3-4〕

83 / アクティブ・ハイパス・フィルタには正帰還型回路を使用する

　フィルタは信号の中に含まれる不要なノイズ成分を除去するときなどに使用ものですが, 数十 kHz オーダまでのフィルタとしては OP アンプによる**アクティブ・フィルタ**が

ポピュラです.

このアクティブ・フィルタにも回路はさまざまなものがありますが，もっとも多く使用されているのが，

① 多重帰還型

② 正帰還型

と呼ばれる回路です．しかし，多重帰還型はハイパス・フィルタ回路には向きません（ローパス・フィルタではまったく問題ない）.

図 9-12 を見てください．この回路は多重帰還型で作ったカットオフ周波数 $f_c = 100\,\text{Hz}$ の**ハイパス・フィルタ**です．**写真 9-4** にこの回路の出力波形を示しますが，かなりひずんでいるのがわかります.

図 9-12 にも示していますが，高周波では使用しているコンデンサ $C_0 = 0.1\,\mu\text{F}$ のインピーダンスが非常に低くなってしまうために，このような乱れた波形になってしまうのです．たとえば $0.1\,\mu\text{F}$ の $100\,\text{kHz}$ でのインピーダンスを計算すると，およそ $16\,\Omega$ です．こんな低いインピーダンスを OP アンプ A_1 はドライブする必要があるのです．もちろん C_0 の値を $1/10$ にして抵抗値を 10 倍にすれば OP アンプの負担は軽くなりますが，基本回路の選択に無理があります．それよりも，ハイパス・フィルタならば**図 9-13** に示す正帰還型を使用することを勧めます.

図 9-13 は正帰還型で作った $f_c = 100\,\text{Hz}$ のハイパス・フィルタ回路です．この回路では OP アンプは $R_2 = 11.3\,\text{k}\Omega$ を介してコンデンサ C_0 につながっているので，多重帰還型のようなショート・パスは生じません．**写真 9-5** が**図 9-13** における出力波形です.

〈図 9-12〉
多重帰還型によるハイパス・フィルタの構成

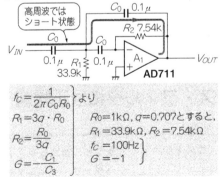

$$f_C = \frac{1}{2\pi C_0 R_0}$$ より

$R_1 = 3q \cdot R_0$

$R_2 = \dfrac{R_0}{3q}$

$G = -\dfrac{C_1}{C_3}$

$R_0 = 1\,\text{k}\Omega$, $q = 0.707$ とすると，

$R_1 = 33.9\,\text{k}\Omega$, $R_2 = 7.54\,\text{k}\Omega$

$f_C = 100\,\text{Hz}$

$G = -1$

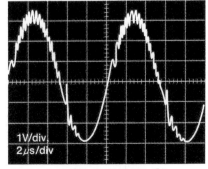

〈写真 9-4〉 **高周波では波形がひずむ**

(f = 100 kHz)

〈図 9-13〉
正帰還型によるハイパス・フィルタの構成

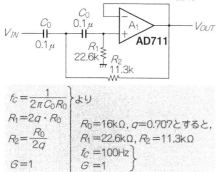

$$f_C = \frac{1}{2\pi C_0 R_0} \text{より}$$

$$R_1 = 2q \cdot R_0$$

$$R_2 = \frac{R_0}{2q}$$

$$G = 1$$

$\left. \begin{array}{l} R_0 = 16k\Omega,\ q = 0.707 \text{とすると,} \\ R_1 = 22.6k\Omega,\ R_2 = 11.3k\Omega \\ f_C = 100Hz \\ G = 1 \end{array} \right.$

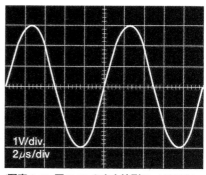

〈写真 9-5〉図 9-13 の出力波形($f = 100\,kHz$)

　このように日頃何気なく使っている回路でも，応用によっては適しない場合もあるので注意が必要です．

84／多重帰還型バンドパス・フィルタでは Q を大きくすることができない

　バンドパス・フィルタは目的の信号を抽出するための必需品ですが，回路の種類の多さにはびっくりするほどです．しかし回路それぞれに特徴があるので，応用に当たっては注意が必要です．

　図 9-14 にバンドパス・フィルタの周波数特性を示します．図でわかるように，ある周波数帯域の信号しか通しません．

　f_0 というのは，バンドパス・フィルタの中心周波数です．一般にはゲインが $-3\,dB$ になる周波数を f_U, f_L として，

$$f_0 = \sqrt{f_U \cdot f_L}$$

で示されます．いっぽう，Q というのは日本語では**選択度**と言っていますが，

$$Q = f_0 / BW$$

のことです．BW は $-3dB$ バンド幅のことで，

$$BW = f_U - f_L$$

で示されます．

　さて，通常よく見かけるバンドパス・フィルタといったら，図 9-15 に示す多重帰還型バンドパス・フィルタでしょう．この回路は OP アンプ 1 個ですむのが最大の特徴です．

〈図9-14〉バンドパス・フィルタのf_0とQ

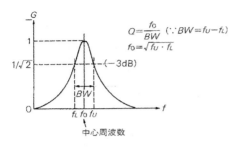

〈図9-15〉多重帰還型バンドパス・フィル
タ($Q=10$, $f_0=1\,\text{kHz}$, $A_{f0}=200$)

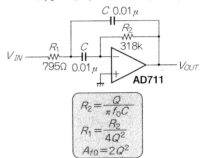

しかし，この回路ではQを大きくとることができません．

　図9-15の回路の中心周波数f_0でのゲインをA_{f0}とすると，

$$A_{f0}=2Q^2 \quad\text{……………………………………………………………………………}(1)$$

で表されるので，Qが大きいほど大きなゲインをもってしまいます．たとえば，$Q=10$
では$Af_0=200$にもなってしまうのです．

　これでは現実問題としてまずいことが多いので，通常は**図9-16**のように，入力にアッ
テネータを入れて使用することになります．これでゲインを1にすることができますが，
アッテネータを入れたぶんS/Nは悪くなるし，f_0の精度や周波数特性も悪いままです．

　図9-17に**図9-16**の回路の周波数特性を示します．$Q=10$での特性ですが，Qおよびf_0
の精度を考慮すると，せいぜいこのくらいのQが許容範囲になります．

〈図9-16〉
アッテネータを追加した多重帰還型
バンドパス・フィルタ

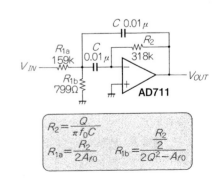

〈図9-17〉図9-16のバンドパス・フィルタの周波数特性

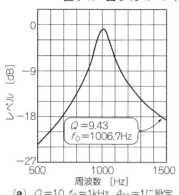

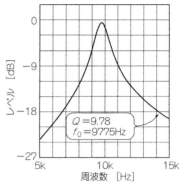

（a）Q＝10, f_0＝1kHz, A_{f0}＝1に設定　　　（b）Q＝10, f_0＝10kHz, A_{f0}＝1に設定

---

85 ／ Qの大きなバンドパス・フィルタは バイカッド型を使う

　多重帰還型では Q の大きなバンドパス・フィルタを構成するのは困難ですが，Q の大きなバンドパス・フィルタを作るときは**図9-18**に示す**バイカッド型フィルタ**がよく知られています．この回路は f_0 の精度が非常に良く，Q の値もかなり大きくすることができます．低周波であれば Q を 100 以上とることも可能です．

　バイカッド型フィルタは OP アンプ 3 個で構成されます．贅沢な感じですが，中心周波数 f_0 でのゲイン A_{f0} は，Q と f_0 に影響されないという大きな特徴があります．多重帰還型のように，Q を決めたらゲイン A_{f0} も決ってしまうというような不便さはありません．

　ただし OP アンプを 3 個も使うので，高い周波数には不向きです．高い周波数では Q

〈図9-18〉
バンドパス・フィルタに効果的な
バイカッド型フィルタ
（Q＝10，f_0＝1 kHz，A_{f0}＝1）

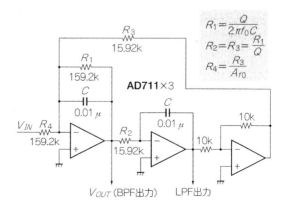

が設計値より大きくなっていきます.

図 9-19 にバイカッド型で構成したバンドパス・フィルタの特性を示します. 図(c)のように $f_0 = 1\,\mathrm{kHz}$ では $Q = 100$ の設定でも, $Q = 99.6$ と設計値どおりの特性を出してくれています. しかし, $f_0 = 10\,\mathrm{kHz}$ では図(b)のように $Q = 10$ と小さくても, $Q = 11.1$ と 10 % もの誤差が生じています.

このようにバイカッド型フィルタは高い周波数には不向きなので, 筆者は図 9-20 に示す OP アンプ 2 個で構成するバンドパス・フィルタ回路…**フリーゲの回路**を勧めています. この回路はゲイン A_{f_0} こそ 2 … 6 dB に固定ですが, その代わり OP アンプ 2 個で構成するためにバイカッド型より高い周波数にも応用できます. Q も数百程度なら十分実用になります.

図 9-21 に図 9-20 のバンドパス・フィルタの周波数特性を示します. 図(b)のように,

〈図 9-19〉図 9-18 のバンドパス・フィルタの特性

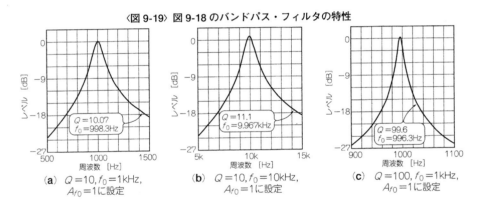

(**a**) $Q=10, f_0=1\mathrm{kHz}$, $A_{f_0}=1$ に設定

(**b**) $Q=10, f_0=10\mathrm{kHz}$, $A_{f_0}=1$ に設定

(**c**) $Q=100, f_0=1\mathrm{kHz}$, $A_{f_0}=1$ に設定

〈図 9-20〉
OP アンプ 2 個で構成するバンドパス・フィルタ

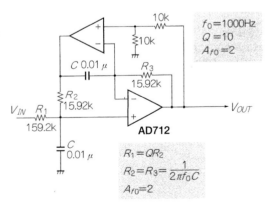

$f_0 = 10\,\text{kHz}$ での Q は $Q = 10.02$ と設計値どおりです。 $f_0 = 1\,\text{kHz}$ での $Q = 100$ では、 $Q = 97.7$ とバイカッド型にはおよびませんが、それでも数%程度の誤差に収まっています。

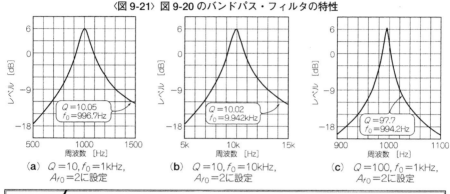

〈図 9-21〉図 9-20 のバンドパス・フィルタの特性

(a) $Q = 10, f_0 = 1\text{kHz},$ $A_{f0} = 2$ に設定
(b) $Q = 10, f_0 = 10\text{kHz},$ $A_{f0} = 2$ に設定
(c) $Q = 100, f_0 = 1\text{kHz},$ $A_{f0} = 2$ に設定

86／状態変数型フィルタとバイカッド型フィルタの使い分け

先の**図 9-18** にバイカッド型フィルタの使用例を示しましたが、バイカッド型と良く似た構成に**状態変数型フィルタ**と呼ぶものがあります。この両者、どのように使い分けるとよいのでしょうか。

図 9-22 に状態変数型とバイカッド型フィルタのそれぞれの回路を示します。これからわかるように、状態変数型もバイカッド型も OP アンプを 3 個使い、コンデンサは 2 個、抵抗も 6、7 本とほとんど変わりがありません。フィルタとしての性能にも大きな違いは見られません。しかし、設計するフィルタの種類によって使い分けます。

▶ バンドパス・フィルタの場合

バンドパス・フィルタは、**図 9-22(a)** の状態変数型 1（反転入力）、あるいは図 **(c)** のバイカッド型が適しています。というのは、これらの回路はバンドパス・フィルタ出力のゲインが 1 にできるからです。その代わりローパス・フィルタのゲインは $1/Q$ になりますが、必要なのはバンドパス・フィルタなので問題にはなりません。

では状態変数型とバイカッド型ではどちらを使うのだという話になりますが、これは好みの問題です。ただし、状態変数型では Q を R_5 で設定できるため、f_0 とはまったく独立して可変することが可能です。そのため f_0 を可変したい応用には適した回路です。

f_0 を可変するためには、R_6 と R_7 の二つの抵抗を同時に可変する必要があります。2 連ボ

リュームを使ってもかまいませんが，市販されているフィルタ・モジュールでは**図9-23**に示すような特性の揃った**CdS フォト・カプラ**を抵抗 R_6, R_7 の代わりに使っている例があります．

〈図9-22〉状態変数型とバイカッド型の違い

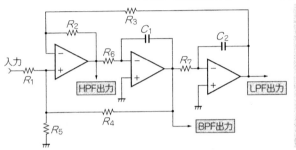

(a) 状態変数型1（非反転入力の場合）

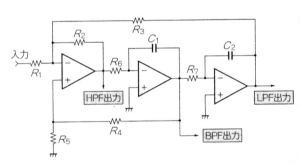

(b) 状態変数型2（反転入力の場合）

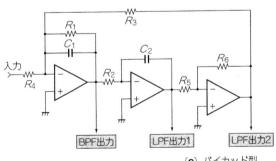

(c) バイカッド型

　いっぽう，バイカッド型では Q を設定する式に周波数 f_0 を決める R_0 が入っているので，まったく独立して Q と f_0 を設定することは困難です．したがって，どちらかと言うとバイカッド型は f_0 固定の応用に適しています．もちろん周波数の設定をコンデンサ C_1，C_2 のほうで行うときはこの限りではありませんが，コンデンサを可変(たとえば 2 連バリコン使用)するのはけっこうたいへんなことです．

▶ローパス・フィルタまたはハイパス・フィルタの場合

　ローパス・フィルタとハイパス・フィルタの場合は，図 9-22(b)の状態変数型が一般的です．理由は通過域でのゲインを 1 にできるからです．状態変数型バンドパス・フィルタのときと同様に，f_0 の可変も可能です．もちろんバンドパス・フィルタと同じように Q と f_0 は独立して設定することができます．

　図(c)のバイカッド型ではローパス・フィルタ出力は付いていますが，残念ながらハイパス・フィルタ出力は付いていません．OP アンプを 1 個追加すればハイパス・フィルタを作ることができますが，そんなことをするくらいなら図(b)の状態変数型を使ったほうが良くなります．

　なお，バイカッド型ではすべての OP アンプの＋入力がグラウンドにつながっているので，コモン・モード電圧の影響が少なく低ひずみ特性が期待できます．

〈図 9-23〉2 連可変抵抗の代わりに利用される CdS フォト・カプラ MCD-7223F〔㈱モリリカ〕の例

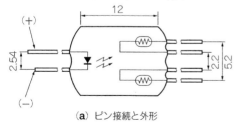

(a) ピン接続と外形

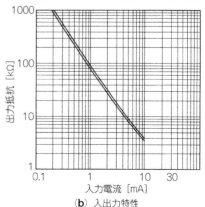

(b) 入出力特性

87 / ノイズ分析に使う 1/3 オクターブ・バンド・フィルタ回路

1/3 オクターブ・バンド・フィルタは，騒音計や振動計測などに使用されるバンドパス・フィルタですが，ここでは OP アンプなどの半導体ノイズの測定用フィルタに使用するものを考えてみます．バンドパス・フィルタですから，中心周波数の帯域内の電圧レベルを測定するものです．

バンドパス・フィルタで複数の周波数を測定するときは，中心周波数を「2 の 1/3 乗＝1.26 倍ずつ」ずらして並べます．オクターブ(2 倍)の周波数を同じ割合(Q が一定)で 3 等分することです．これを**図 9-24** に示します．

フィルタの特性としては，**最大平坦特性**すなわち**バタワース特性**が最良なので，ここでは例として**図 9-25** の 1/3 オクターブ・バンド・フィルタ(3 次対，$f_0 = 1024\,\mathrm{Hz}$，$Q = 4.32$)

〈図 9-24〉
1/3 バンドパス・フィルタとは

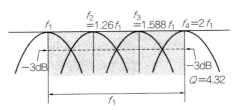

〈図 9-25〉バタワース特性のバンドパス・フィルタの f_0 と Q

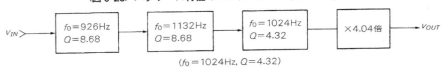

$$(f_0 = 1024\,\mathrm{Hz},\ Q=4.32)$$

〈図 9-26〉**正帰還型によるバンドパス・フィルタの構成①**

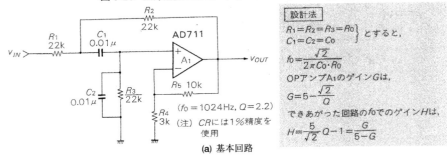

(a) 基本回路

〈図 9-26〉
正帰還型によるバンドパス・フ
ィルタの構成②

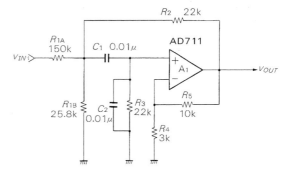

$R_{1A} = HR_1$

$R_{1B} = H/(H-1)R_1$

H : f_0でのゲイン

(b) ゲインを1にした回路

（注）R_{1B}は24kΩと1.8kΩを直列にして，25.8kΩとして使用する

〈図 9-27〉
バタワース特性バンドパス・フィルタの構成

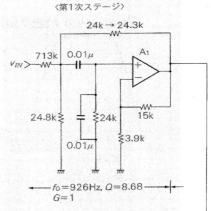

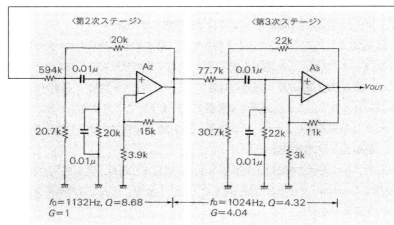

〈図9-28〉図9-27の回路における各バンドパ
ス・フィルタの特性

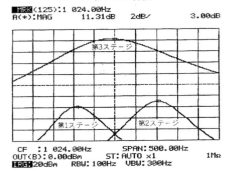

〈図9-29〉図9-27の回路におけるバンドパ
ス・フィルタの特性(調整前)

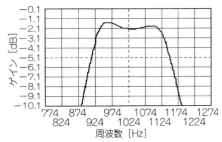

〈図9-30〉図9-27の回路における調整後のバンドパス・フィルタ特性

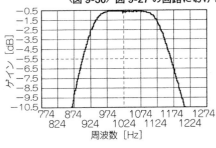

(a) ゲイン（1dB/div）

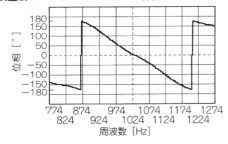

(b) 位相（50°/div）

回路を作ってみましょう. **図9-26**に正帰還型2次(1次対)バンドパス・フィルタ回路を示します. 3次対では**図9-27**のように3段構成になります.

図9-28が，それぞれのフィルタ特性です. 第3ステージのフィルタだけゲインが大きくなっていますが，これは**図9-25**に示した4.04倍のゲインをこのステージに当てたためです. **図9-29**が**図9-27**の回路の特性です(CRには1％を使用). 通過域に1dB弱の凸凹が見られるので，これを調整する必要があります. ここでは第1と第2ステージのf_0とゲインHを微調整しました. その結果，**図9-30**のようにフラットな通過域が得られました. **図9-31**が広帯域特性です.

このように正帰還型ではf_0でゲインをもってしまうため，**図9-26(b)**のようにわざわざ入力にアッテネータをつけて使っていました. しかし，これでは特性の良い回路が得られるはずがありません.

そこで，正帰還型より特性の良いバンドパス・フィルタ回路として**図9-32**に示す**状態**

〈図9-31〉
図9-30のフィルタを広帯域にして見ると

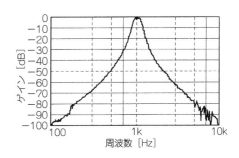

〈図9-32〉状態変数型バンドパス・フィルタの構成

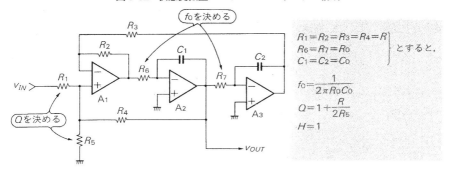

変数型バンドパス・フィルタがあります．2次フィルタを作るのに3個のOPアンプが必要ですが，出来上がりの特性は正帰還型より優れています．しかし高次フィルタを正確に作るためには，それぞれのステージが正確でなければならないことには変わりなく，調整作業が正帰還型よりは楽になるだけで(これも大きなメリットですが)無調整ですむというところまではいきません．

88 / 高次フィルタには *LC* シミュレーション型が効果的

OPアンプの性能向上もあって，低周波領域のフィルタの大半は，アクティブ・フィルタで実現できるようになりました．しかし，シャープなバンドパス・フィルタの実現となると，*LC*フィルタを使いたいという誘惑に負けてしまいます．アクティブ・フィルタのブロック構成単位は2次フィルタだし，高次フィルタを実現するには各段のフィルタにかなりの高精度が要求されます．

　しかし，*LC*フィルタなら2次ブロックごとに区切るのではなく，はしごのようにどんどんつないでいくことができます．そのため，*LC*値に少々のばらつきがあっても，通過域でのレベル変動は互いに補償しあって大きくはなりません．でもインダクタは形状が大きくて性能は悪いし，できるだけ使いたくない部品です．

　安心してください．インダクタを使わなくてよい方法があるのです．**LCシミュレーション型フィルタ**と呼ばれるものです．

　*LC*シミュレーション型フィルタを実現するには，**FDNR**(frequency Dependent Negative Resistance…**周波数依存性負性抵抗**)が必要です．FDNRは**図9-33**から作ることができます．

　図(**a**)の回路は**GIC**(General Impedance Converter)回路と呼ばれ，**インピーダンス変換**を行う回路です．GIC回路のインピーダンスZ_Xは，

$$Z_X = \frac{Z_1 \cdot Z_3 \cdot Z_5}{Z_2 \cdot Z_4} \quad \cdots\cdots\cdots\cdots\cdots\cdots\cdots\cdots\cdots\cdots(2)$$

で示されます．ここで図(**b**)の位置にコンデンサと抵抗を配置すると，この回路のインピーダンスは，

$$Z_X = -\frac{-R_5}{\omega^2 \cdot C_1 \cdot C_3 \cdot R_2 \cdot R_4} \quad \cdots\cdots\cdots\cdots\cdots\cdots\cdots(3)$$

となります．

〈図9-33〉*LC*シミュレーションのための GIC 回路と FDNR 回路

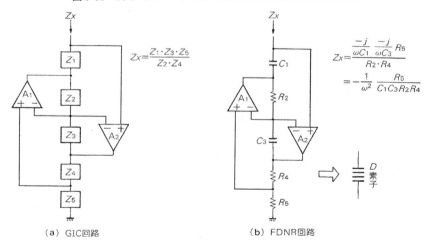

（a）GIC回路　　　　　　　　　（b）FDNR回路

(3)式でわかることは，この回路が周波数 ω^2 に反比例し，かつ符号が−すなわち負性抵抗素子であることです．この OP アンプで作りだした特別な素子を **D 素子** と呼んで，抵抗 R，コンデンサ C，インダクタ L と区別しています．

D 素子を使うと，LC シミュレーションによる高性能なフィルタ回路を簡単に作り出すことができます．

しかし欠点もあります．通常のアクティブ・フィルタに比べて入力電圧が 1/3 に減ってしまうことです．これは OP アンプ A_1 と A_2 がゲインをもつためですが，このことはダイナミック・レンジが 10 dB 小さくなることを意味しています．

汎用 OP アンプの中にはノイズ電圧密度が $30\,\mathrm{nV}/\sqrt{\mathrm{Hz}}$ を超えるものもあるので，できれば $10\,\mathrm{nV}/\sqrt{\mathrm{Hz}}$ 以下の OP アンプを使用してください．

89 ／ 無調整で作れる 1/3 オクターブ・バンド・フィルタ回路

FDNR が実際に役立つのは**高次フィルタ**のときです．とくにバンドパス・フィルタでは効果的です．LC シミュレーション型フィルタの構成の基本は LC フィルタと同じです．

LC フィルタを構成する場合，ローパス・フィルタなどの定数はフィルタの専門書で調べることができます．ローパス・フィルタの定数がわかれば，**図 9-34** に示すようにバンドパス・フィルタに変換することができます．ただし，図(**b**)のままでは部品点数がローパス・フィルタの 2 倍になってしまいます．図(**c**)のように容量結合型にすると，インダ

〈図 9-34〉
LC ローパス・フィルタからバンドパス・フィルタに変換する

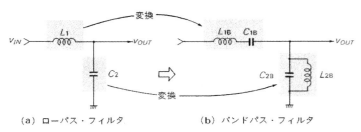

（a）ローパス・フィルタ　　　　　（b）バンドパス・フィルタ

（c）容量結合型バンドパス・フィルタ

クタを一つ省略できます.

図9-35にバタワース特性6次バンドパス・フィルタの設計例を示します.

図(a)が容量結合型6次(3次対)バンドパス・フィルタの基本回路です.*LC*値は規格化された値なので,最後に中心周波数や使用部品の定数に合わせてスケーリングという作業が必要です.

*LC*定数が決まったら,もう回路はできたも同然です.はじめに図(b)のように**双対変換**という作業を行います.双対変換というのは,

・ インダクタンスはコンデンサに,コンデンサはインダクタに

・ 直列回路は並列回路に,並列回路は直列回路に

置き換える作業です.双対変換はインダクタをなくすための前作業で,難しい計算はありません.

図(c)は**1/S変換**と呼ばれるものです.これを行うことによって,回路からインダクタ*L*が消えます.その代わり,新たなFDNRという素子が登場しました.FDNRは**図9-36**に示すようにOPアンプで作ることができます.

最後にスケーリングを行いますが,はじめにコンデンサの容量を決めます.ここでは$C_0 = 0.01 \mu$Fにします.コンデンサの種類は一つなので,これでコンデンサについてはかたづきました.

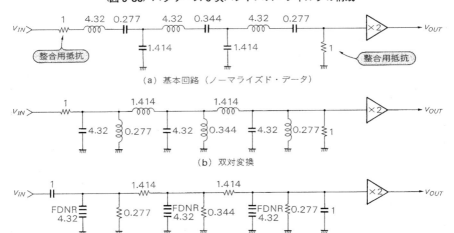

〈**図9-35**〉バタワース6次バンドパス・フィルタの構成

（a）基本回路（ノーマライズド・データ）

（b）双対変換

（c）1/S変換

次に抵抗値を決めます．コンデンサに $C_0 = 0.01\ \mu$F を使用したので，そのときのインピーダンス Z_c は中心周波数 $f_0 = 1024$ Hz なので，

$$Z_C = \frac{1}{2\pi\ f_0 \cdot\ C_0} \quad\cdots\cdots\cdots\cdots\cdots\cdots\cdots\cdots\cdots\cdots\cdots\cdots\cdots\cdots\cdots\cdots(4)$$

より 15.55 kΩ になります．これを各抵抗の正規化データに乗算します．これがスケーリングです．図 9-36 はスケーリング後の回路です．図 9-37 が図 9-36 のバンドパス・フィ

〈図 9-36〉FDNR で構成したバタワース 6 次バンドパス・フィルタ

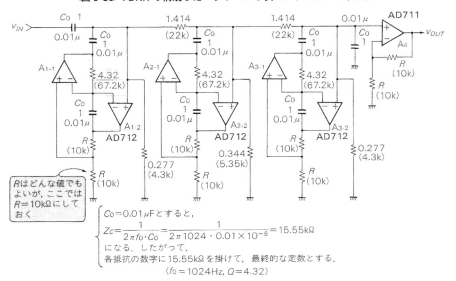

〈図 9-37〉図 9-36 のバンドパス・フィルタの特性

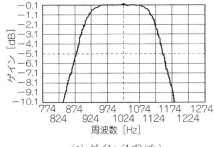

(a) ゲイン（1dB/div）

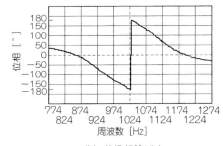

(b) 位相（50°/div）

〈**図9-38**〉
図9-36のバンドパス・
フィルタの広帯域特性

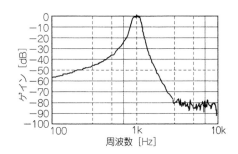

ルタの特性です．無調整(*CR*には1%を使用)なのにきわめて良好な特性が得られました．
これが*LC*シュミレーション型フィルタの特徴です．

　ただし，**図9-38**に示すように広帯域特性をみると，高い周波数では減衰特性が鋭くな
り，低い周波数では逆に鈍くなっています．これはインダクタを省略した容量結合型の特
徴です(**図9-35(a)**は直列共振型だが並列振型では低域で減衰が大きくなる)．また，位相
特性も図(**b**)のように中心周波数 f_0 で180°位相がずれています(ゲイン−1の反転アンプ
で位相を合わせることは可能)．

　このように，*LC*シュミレーション型フィルタは通過域でのレベル変動が非常に小さい
ので，フィルタの**無調整化**にはなくてはならない回路です．

第10章
非線形OPアンプ回路
実践ノウハウ

90 / ツェナ・ダイオードによる出力リミッタ

　センサや測定器の回路設計では，相手側との**インターフェース**の関係で，出力電圧を制限する**リミッタ**が必要になることがあります．簡単な回路としては**図10-1**に示すツェナ・ダイオードを使った方法があります．

　この回路において抵抗 R はツェナ・ダイオードに流れる電流を制限する抵抗です．図(**a**)も図(**b**)も，出力電圧 V_{OUT} は(ツェナ電圧 V_Z)＋(ツェナ・ダイオードの順方向電圧 V_F)に制限されます．たとえばツェナ・ダイオードに05AZ6.2を使用すると，最大出力電圧

〈図10-1〉
ツェナ・ダイオードを使ったリミッタ回路(1)

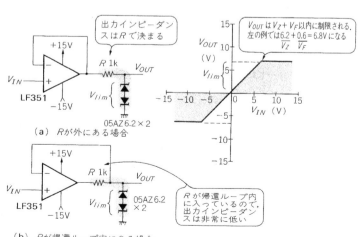

出力インピーダンスは R で決まる

V_{OUT} は $V_Z + V_F$ 以内に制限される．左の例では $\underset{V_Z}{6.2} + \underset{V_F}{0.6} = 6.8V$ になる

（a）　R が外にある場合

R が帰還ループ内に入っているので，出力インピーダンスは非常に低い

（b）　R が帰還ループ内にある場合

V_{OUT} (max) は,

$$V_{OUT} (\mathrm{max})= V_Z + V_F$$

$$= 6.2 + 0.6 = 6.8 \text{ V} \quad \cdots\cdots\cdots\cdots\cdots\cdots\cdots\cdots\cdots\cdots\cdots\cdots (1)$$

になります.

しかし,図(**a**)の回路では抵抗 R が出力抵抗になるため,相手側の入力抵抗が低いときに誤差を生じてしまいます. そのため,通常は抵抗 R を OP アンプの帰還ループ内に入れて出力抵抗をほぼゼロにできる図(**b**)の回路が使用されます.

さらに,**図 10-2** にも別のリミッタ回路を載せておきますので参考にしてください. し

〈**図 10-2**〉
ツェナ・ダイオードを使ったリミッタ回路(**2**)

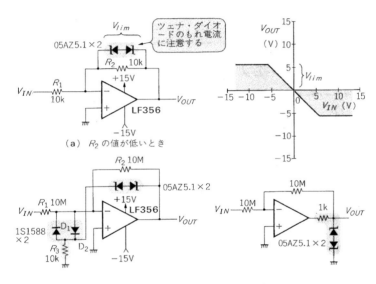

(**a**) R_2 の値が低いとき

〈**図 10-3**〉
ツェナ・ダイオードによる高速化したリミッタ回路

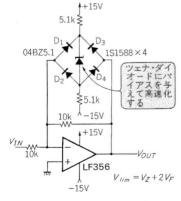

$V_{lim} = V_Z + 2V_F$

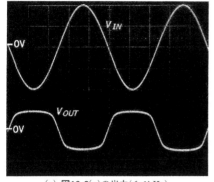

(a) 図10-2(a)の出力（*f*=1kHz）

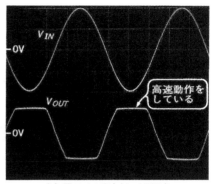

(b) 図10-3の出力（*f*=100kHz）

〈写真 10-1〉リミッタの出力波形の比較

かし，**図 10-1**，**図 10-2** に示した回路は，リミッタのかかりがシャープでないという性質
があり，用途によっては欠点とされています.

図 10-3 はリミッタのかかりを高速化した回路です. 出力波形の比較を**写真 10-1** に示
します. 写真(**b**)のように 100 kHz でもきれいに制限しています.

91 ╱ 出力電圧に正確なリミッタをかける

ツェナ・ダイオードを使ったリミッタは回路が簡単なのが特徴ですが，リミッタの**電圧
精度**は良くありません. もう少し性能を良くしたリミッタ回路を**図 10-4** に示します. こ
の回路はツェナ・ダイオードの代わりに OP アンプを使っているのが特徴です. そのため，
低速ですがリミッタ電圧精度は優れています.

図(a)は上限リミッタ回路の動作です. 入力電圧 V_{IN} が上限リミット電圧 V_H (lim)より小
さいときは OP アンプ A_2 の出力は"H"(正電源近くまで振れる)になるので，ダイオード
D_1 は OFF します. その結果，A_2 出力は V_{OUT} とは切り離され $V_{OUT} = V_{IN}$ になります.

V_{IN} が V_H (lim)を超えて $V_{IN} > V_H$ (lim)になると，A_2 の出力は"L"(負電源近くまで振れ
る)になります. その結果，ダイオード D_1 が ON するので，OP アンプ A_2 は非反転回路
を構成します. その結果，$V_{OUT} = V_H$ (lim)になります. こうして，出力電圧 V_{OUT} は V_H
(lim)で制限されてしまいます.

図(b)は下限リミッタ回路の動作です. この場合は上限リミッタ回路とは逆になります.

すなわち，入力電圧 V_{IN} が下限リミット電圧 $V_L (\mathrm{lim})$ より小さく〔$V_{IN} < V_L (\mathrm{lim})$〕なると ダイオード D_2 が ON するので，V_{OUT} は $V_L (\mathrm{lim})$ で制限されます．

図 10-5 は正負のリミット電圧を設定できるようにした実際の回路例です．上限リミット電圧 $V_H (\mathrm{lim})$ と下限リミット電圧 $V_L (\mathrm{lim})$ は OP アンプの入力電圧範囲内で比較的自由に決めることができます．**写真 10-2** は，**図 10-5** の回路の入出力波形です．$V_H (\mathrm{lim}) =$

〈図 10-4〉正確なリミッタの動作原理

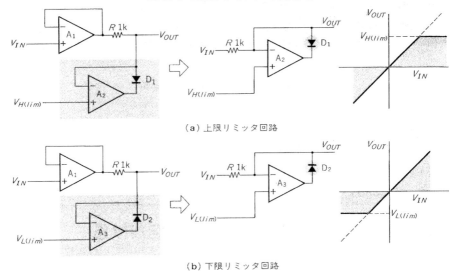

（a）上限リミッタ回路

（b）下限リミッタ回路

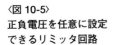

〈図 10-5〉
正負電圧を任意に設定
できるリミッタ回路

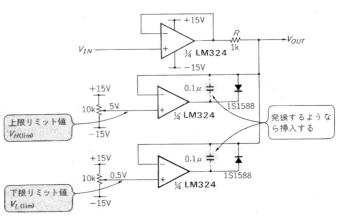

5V，V_L(lim)＝−5 V に設定していますが，設計値どおり±5 V で出力電圧が制限されています．

　このような正確なリミッタは，測定値の出力電圧を記録計などに入れるとき，記録計のオーバスケールを抑えるときなどに使用しています．

〈写真 10-2〉
図 10-5 のリミッタ回路の入出力波形

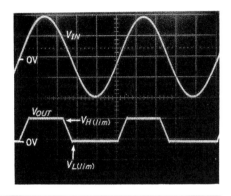

92 ╱ リミッタ機能付き高速 OP アンプを使った
高速リミッタ回路

　先の**図 10-5** に示した OP アンプを使ったリミッタは，リミッタの精度は良いのですが，OP アンプを使うことから低速になるのが欠点でした．高速にするには OP アンプを高速なものに代えるというのも手ですが，最近は高速 OP アンプの中にリミッタ回路を内蔵したものがあるのでこちらのほうをお勧めします．

　図 10-6 に **AD8036A**(アナログ・デバイセズ社)の構成を示します．図(b)からわかるように OP アンプの内部にはスイッチ S があって，V_H(8 ピン)には上限リミット電圧，V_L(5 ピン)には下限リミット電圧を入力します．入力電圧 V_{IN} が V_H〜 V_L の範囲では，OP アンプは通常の動作をします．

　入力電圧 V_{IN} が V_H より大きくなると，スイッチ S は A(入力電圧 V_{IN})とは切り離され，B(上限リミット電圧 V_H)を選択します．その結果，出力電圧 V_{OUT} は V_H よりは大きくはなりません(V_H 一定だから)．反対に V_{IN} が V_L より小さくなると，スイッチ S は C(下限リミット電圧 V_L)を選択し，その結果 V_{OUT} は V_L より小さくなりません(V_L 一定だから)．

　このように，AD8036A では出力電圧をクランプすることができます．しかも，非常に高速にクランプできるのがこの IC の特徴です．精度は 3 mV(10 mV$_{max}$)と優秀です．なお，

図(**d**)に示すようにクランプ電圧近くでは若干なめらかにクランプ(制限)されますが，クランプ入力の周波数帯域が240 MHzもあるので，**絶対値回路や振幅変調回路**などへの応用も可能です．

図 10-7に絶対値回路の応用を示します．これだけの部品で絶対値回路が構成でき，波形ひずみを許せば10 M～20 MHzの信号でも動作します．

〈**図 10-6**〉**クランプ付き OP アンプ AD8036/AD8037 の構成**

型　名	回路数	入力オフセット電圧(mV)		ドリフト(μV/℃)		入力バイアス電流(A)		2次ひずみ(dBc)，@2V$_{\text{EP}}$，20MHz	スルーレート(V/μs)	動作電圧	動作電流	メーカ	特徴
		typ	max	typ	max	typ	max	typ	typ	(V)	(mA)		
AD8036A	1	2	7	10		4μ	10μ	-66	1200	±5.0	20.5	AD	CL
AD8037	1	2	7	10		3μ	9μ	-72	1500	±5.0		AD	CL

特徴：CL＝クランプ付き

(**a**) 電気的特性

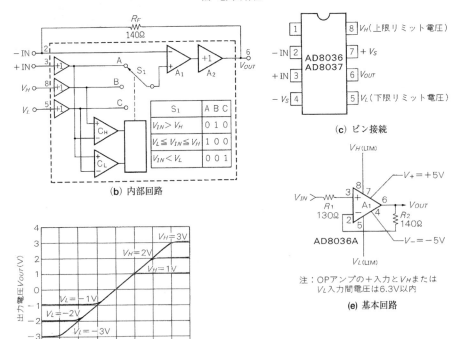

(**b**) 内部回路

(**c**) ピン接続

(**e**) 基本回路

注：OPアンプの＋入力とV_HまたはV_L入力間電圧は6.3V以内

(**d**) クランプ特性

　図 10-7 の回路の基本はゲイン−1 の反転アンプですが，下限リミット電圧 V_L が入力 V_{IN} につながっているのがポイントです．V_{IN} が負のときは $V_L = V_{IN}$ なのでクランプ動作は行わず，この回路は通常のゲイン−1 のアンプと同じです．

　V_{IN} が正のときはクランプ動作を行います．そのためスイッチ S は V_L と接続されます．その結果，**AD8036A** の内部アンプ A_1 は V_L，すなわち V_{IN} に接続されます．いっぽう，

〈図 10-7〉
AD8036 による絶対値アンプ

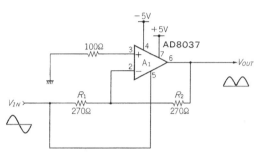

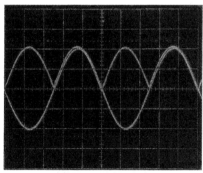

〈写真 10-3〉
図 10-7 の絶対値アンプ
の動作波形

（**a**）　$V_{IN} = 4V_{P-P}$（1V/div）

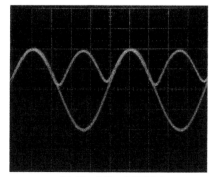

（**b**）　$V_{IN} = 0.4V_{P-P}$（0.1V/div）

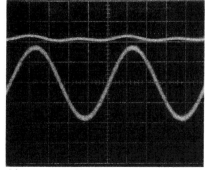

（**c**）　$V_{IN} = 0.04V_{P-P}$（上：0.04V/div：下：0.01V/div）

AD8036A の反転入力は V_{IN} につながったままなので，回路のゲインは$-1+2=1$となってバッファ動作になります．

こうして V_{IN} が負のときはゲイン-1，V_{IN} が正のときはゲイン1と切り替えられ，絶対値アンプが構成できるのです．

写真 10-3 は入力周波数1MHzでの入出力波形です．かなりきれいな波形をしています．ただし，低入力電圧のときは写真(c)のように約40mVのゲタをはいています．これはクランプ動作が0Vではなく，40mVの範囲内で動作を開始するからです．このゲタ分はオフセット電圧としてあとで取り除けます．

この回路は，DC精度では通常の絶対値回路にはかないませんが，AC特性では大きく上回っています．

---

93 / 絶対値アンプのダイナミック・レンジを広くする工夫

　AC電圧をDC電圧に変換するときは，**図 10-8** に示すような**絶対値回路**が使用されます．いわゆる**整流回路**でもあるわけですが，ダイオードを使った普通の整流回路では，ダイオードの順方向電圧降下(約0.5V)があるために，あまり精度の高い絶対値電圧を得ることができません．高精度の絶対値電圧を得るときはOPアンプを使った回路がよく使用されています．

　この**図 10-8** の回路のダイナミック・レンジは，OPアンプ A_1 のオフセット電圧で決ま

〈**図 10-8**〉
OP アンプを使った絶対値回路

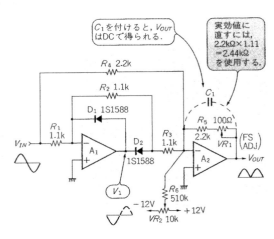

ります．動作を簡単に説明すると，OP アンプ A_1 は**図 10-9** のように**半波整流回路**になっています．いっぽう OP アンプ A_2 はたんなる加算回路で，入力電圧 V_{IN} と半波整流回路の出力 A を 1：2 の割合で加算するだけです．コンデンサ C_1 は両波整流された波形をDC 電圧に変換するために入れています．

VR_1 はフルスケール調整用で，$R_5 + VR_1$ は正弦波の平均値を**実効値換算**するため，$R_4 =$ 2.2 kΩ の 1.11 倍(スケーリング係数)すなわち 2.45 kΩ に合わせます．

いっぽう VR_2 はゼロ点調整用ですが，OP アンプ A_1 と A_2 のオフセット電圧を VR_2 でいっしょに合わせこんでしまいます．通常のアンプではごく当然のことなのですが，絶対値回路の場合はちょと事情が異なります．**図 10-10** は A_1 のオフセット電圧が**リニアリティ**にどう影響を与えるかを実験しました．

オフセット電圧が 0.5 mV のときは $V_{IN} = 1\,\text{mV}_{\text{RMS}}$ まで正確に測定できています(しかも理想直線に乗っている)が，オフセット電圧が 10 mV のときは $V_{IN} = 10\,\text{mV}_{\text{RMS}}$ 以下は測定不能で，理想直線からもはずれてしまっています．どうしてこうなったのでしょうか？

理由は OP アンプ A_1 が半波整流という非直線動作をしているからです．そのため，A_1 のオフセット電圧も VR_2 で調整してカバーしようというのは少々虫が良すぎるのです．逆に A_2 のほうはオフセット電圧があっても VR_2 で調整ができるのです．

〈図 10-9〉絶対値回路の動作原理

〈図 10-10〉絶対値アンプにおける OP アンプのオフセットの影響

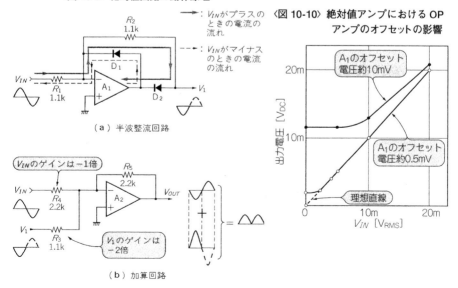

　ということは，A_1 にオフセット電圧の小さな OP アンプを使用するか，あるいは A_1 にもゼロ調整を入れることで，絶対値回路のダイナミック・レンジを拡大できるということです．もし周波数特性がそれほど重要でないときは，A_1 に入力オフセット電圧の小さい高精度 OP アンプを使用するのも一計でしょう．

　この絶対値回路の調整は，

① $V_{IN}=5\,\mathrm{V_{RMS}}$ のとき $V_{OUT}=5\,\mathrm{V_{DC}}$ に調整する（VR_1 にて）

② $V_{IN}=50\,\mathrm{mV_{RMS}}$ のとき $V_{OUT}=50\,\mathrm{mV_{DC}}$ に調整する（VR_2 にて）

③ 再度①と②を繰り返す

という手順で行います．

　通常のアンプは②では $V_{IN}=0$ で調整しますが，絶対値回路ではダイナミック・レンジを決めて，その点にて調整を行います．これも絶対値回路が非線形アンプだからです．

　図 10-8 の回路の周波数特性を**図 10-11** に示します．絶対値回路の周波数特性はダイオード D_1 と D_2 をすばやく切り替えるために OP アンプの**スルーレート特性**が重要です．ここで使用した **LM318** はスルーレートが $50\,\mathrm{V}/\mu\mathrm{s}$ もあるので，$100\,\mathrm{kHz}$ までならほとんどフラットです．ところが **TL081** は $10\,\mathrm{V}/\mu\mathrm{s}$ 程度と小さいため，$100\,\mathrm{kHz}$ で 1％ほど低下しています．

　なお，**図 10-8** の回路では OP アンプの浮遊容量の影響を避けるために抵抗値を小さくして実験していますが，周波数特性が重要でなければ抵抗値をもっと高くしたほうが回路電流が小さくなってよいでしょう．

〈**図 10-11**〉
図 10-8 の回路で OP アンプ
を交換したときの周波数特性

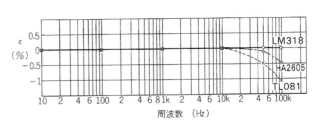

94 / 単電源 OP アンプを効果的に使った絶対値アンプ

　絶対値アンプの基本的な回路は先の**図 10-8** に示しましたが，この絶対値回路は他にもいろいろなアイデア回路例が紹介されています．それだけ，けっこう面白い回路ということなのでしょうか．

　ある種の単電源 OP アンプを使うと，**図 10-12** に示すように，ダイオードを使わない
で**絶対値アンプ回路**が作れます．この回路において，単電源 OP アンプ A_1 と A_2 は +15 V
で動作しているので，A_1 の出力電圧は 0 V 以下にはなりません．当然のことながら A_1 に
は − 電圧も入力されますが，A_1 がダイオードの代わりになって半波整流回路を形成しま
す．ここでは OP アンプに **AD822A** を使用しています(この OP アンプでないとうまく動
作しません)．

　表 10-1 に **AD822** の仕様を示します．この OP アンプは初段が N チャネル FET で構成
されていて，− 20 V くらいまで入力できる数少ない OP アンプです．R_1 と R_2 を 100 kΩ
に選んでいますから，加算回路 A_2 では A_1 の出力 V_1 がゲイン 2 倍，入力電圧 V_{IN} がゲイ
ン − 1 倍で加算され，その結果 A_2 出力(V_2)からは両波整流波形が得られます(この動作は
通常の絶対値回路と同じです)．

　表 10-2 に V_{IN} と V_2 の関係を示します．V_2 の DC 電圧が V_{IN} の実効値に比べて約 0.91 倍
になっていますが，これは平均値を測定しているためです．V_2 を 1.11 倍すれば実効値に
スケーリングできますが，ここでは R_3 と R_4 で分圧して 0.111 倍しています．

〈図 10-12〉
単電源 OP アンプ
AD822 を使った絶対
値回路

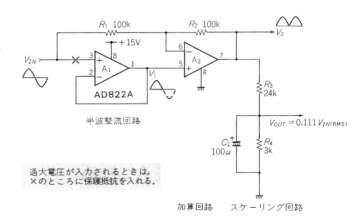

〈表 10-1〉 単電源 OP アンプ AD822 の仕様

型　名	回路数	入力オフセット電圧(mV)		ドリフト(μV/℃)		入力バイアス電流(A)		ユニティ・ゲイン周波数(MHz)	スルーレート(V/μs)	動作電圧	動作電流	メーカ	入力雑音電圧(nV/$\sqrt{Hz}$)@1kHz
		typ	max	typ	max	typ	max	typ	typ	(V)	(mA)		
AD822	1	0.4	2	2		2p	25p	1.9	3	+3-+36	1.4	AD	

図10-13 は表10-2 をグラフ化したものです．入力電圧が小さいところの誤差は OP ア
ンプ A_1 の残留電圧のせいです．A_1 の出力が完全にゼロになってくれればよいのですが，
わずかですが残留電圧が存在してしまいます．これがリニアリティを悪くしているのです
が，それでも 0.1 %(10 V フルスケール)程度の誤差ですから，実用性は十分あります．

参考までに図 10-12 の回路の周波数特性を図 10-14 に示します．10 kHz までなら非常
に良好な特性です．周波数特性が伸びてない理由は，R_1 と R_2 が 100 kΩ と高いせいもあ
ります．抵抗値が低いと周波数特性は改善されますが，今度は残留電圧が大きくなるので
リニアリティが悪化してしまいます．

〈表 10-2〉
図 10-12 の絶対値回路における
入出力特性

入力電圧 V_{IN} (V_{RMS})	A_2の出力 V_2 (V)
10	9.099
5	4.551
1	0.9132
0.1	0.095
0.01	0.0142
0	0.01

平均値のため V_2 の DC
値は小さくなっている.
実効値に変換するには,
スケーリング（この場
合は 1.1 倍）する必要
がある.

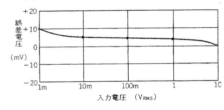

〈図 10-13〉図 10-12 の回路の入出力特性

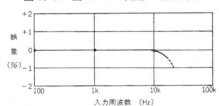

〈図 10-14〉図 10-12 の回路の周波数特性

---

95 / RMS-DC 変換回路は乗算器 IC と組み合わせるとロー・コストになる

AC 電圧を測定するとき，その表示を平均値で示すか実効値で示すかは重要な問題です．
平均値でよければ，平均値 A_V は，

$$A_V = \overline{V_{IN}} \tag{2}$$

で表され，AC 電圧の半周期の時間的な平均値になります(CR のローパス・フィルタを通
すだけでよい)．ところが実効値ということになると，実効値 **RMS** は，

$$RMS = \sqrt{\overline{V_{IN}^2}} \tag{3}$$

で表され，2乗平均であるため回路は複雑になります．

　しかしながら，実効値だと測定値が波形に影響されないので高精度な測定が可能です．いっぽう平均値は波形によって測定値が違ってくるため，**図 10-15** に示すようにスケーリングという作業を行わないと正確な数値が出せません．

　ところが市販の **RMS-DC コンバータ** IC は価格が高いため，ロー・コスト製品にはなかなか使用できません．そこで汎用乗算器 IC としてポピュラな **RC4200** を使用して，ロー・コスト化した RMS-DC コンバータ回路を紹介します．

　図 10-16 に乗算用 IC　**RC4200** の内部回路を示します．図でわかるように，RC4200 はトランジスタの順方向電圧 V_{BE} を利用した乗算器 IC なので，1 象限での乗算モードしかありません．しかし，RMS-DC コンバータ回路では入力に絶対値アンプを付けることで 1

〈図 10-15〉
波形の違いによ
る実効値換算時
のスケーリング

		実効値 （RMS）	平均値 （AV）	実効値 平均値 （スケーリング 係数）	クレスト・ ファクタ （V_P/RMS）
正弦波		$V_P/\sqrt{2}$ $=0.707V_P$	$\frac{2}{\pi}V_P$ $=0.637V_P$	1.11	$\sqrt{2}$
方形波 （あるいはDC）		V_P	V_P	1	1
三角波		$V_P/\sqrt{3}$	$V_P/2$	1.155	$\sqrt{3}$
パルス波	D:デューティ比	$V_P\sqrt{D}$	V_PD	$1/\sqrt{D}$	$1/\sqrt{D}$

〈図 10-16〉
乗算用 IC RC4200 の内部回路

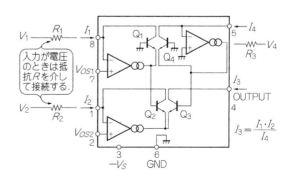

象限モードだけでよくなり，**RC4200** が使用できるようになります．

表 10-3 に RC4200 のセカンド・ソースである **NJM4200** の仕様を示します．設計は古いのですが，乗算器 IC としてはりっぱな特性をもっています．事実，**図 10-17** に

〈**表 10-3**〉
乗算用 IC NJM4200 の仕様

入力電流(I_1, I_2, I_3)	$1 \sim 1000\,\mu$A
総合誤差　トリムなし	3 %(max)
トリムあり	0.5 %(max)
温度係数	0.005 % / ℃
$PSRR(-9 \sim -18\,\text{V})$	0.1 % / V
非直線誤差($50\,\mu$A $\sim 250\,\mu$A)	0.3 %(max)
入力オフセット電圧($I_1 = I_2 = I_4 = 150\,\mu$A)	10 mV(max)
入力電流($I_1 = I_2 = I_4 = 150\,\mu$A)	500 nA(max)
入力オフセット電圧ドリフト($I_1 = I_2 = I_4 = 150\,\mu$A)	100 μV / ℃
出力電圧(I_3)	$1 \sim 1000\,\mu$A
-3 dB 周波数	4 MHz
電源電圧範囲	$-9 \sim -18$ V
回路電流($I_1 = I_2 = I_4 = 150\,\mu$A)	4 mA(max)

〈**図 10-17**〉
NJM4200 の入出力特性

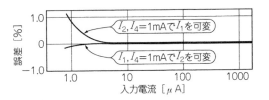

〈**図 10-18**〉**NJM4200 を使用した RMS-DC コンバータ回路**

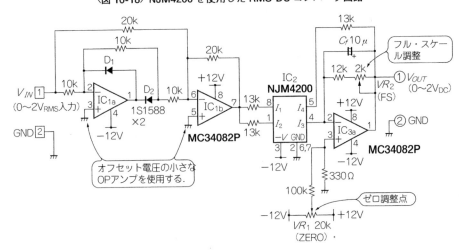

NJM4200 の入力特性を示しますが，$1\,\mu \sim 1000\,\mu$ A の電流範囲にわたって良好な直線性をもっています.

　図 10-18 に実際の RMS-DC コンバータ回路を示します. 初段の絶対値アンプに使用している汎用 OP アンプにはゼロ調整作業をなくすために, 低オフセット電圧の OP アンプを選びます. ここでは 2 回路入りの **MC34082** を使用しています. **MC34082** はオフセット電圧が 1(3 max) mV と小さいので, 60 dB 程度のダイナミック・レンジが容易に得られます.

　出力の OP アンプは NJM4200 のオフセット電圧調整用に VR_1 を, スパン調整用に VR_2 を付けています. さすがにこれまでは省くことができません.

　図 10-18 の回路では 100 kHz までの周波数に応用が可能です. リニアリティは 0.1%程度です. 出力に付いているコンデンサ C_f は低周波側の特性を決める重要なコンデンサです. 図の定数 10 μF では 10 Hz までの周波数帯域が得られます.

96 ／ ピーク・ホールド回路に必要な小さな工夫

　図 10-19 の回路は，ある時間(数秒〜数十秒)内の入力電圧の最大(ピーク)値をコンデンサ C_H に記憶(ホールド)して出力する回路…**ピーク・ホールド回路**です. 変化する入力信号のピーク値を捕まえて, 記録計などに残そうというときによく使われる回路です.

〈図 10-19〉
実用的なピーク・ホールド回路

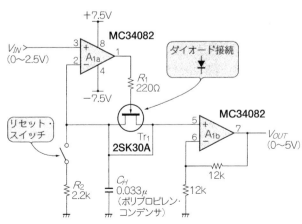

〈図 10-20〉
10 kHz 入力時のピーク・ホールド特性

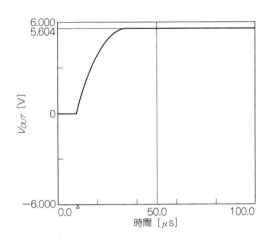

この回路では，10 kHz までの信号をピーク・ホールドするため，**ホールド・コンデン**
サ C_H には 0.033 μF の**ポリプロピレン・コンデンサ**(またはポリフェニレン・サルファイ
ド・コンデンサ)を使用しています．普通のフィルム・コンデンサ…ポリエステル・コン
デンサ(通称マイラ・コンデンサ)は tan δ (誘電吸収)が大きく，正確にピーク値をホール
ドすることができないので，このような用途には使いません．

OP アンプには **MC34082** を使用していますが，本来なら容量負荷に強い μ**PC812** や
LF356 のほうが良いかもしれません．また，0.033 μF を急速に充電するためには，でき
るだけ出力電流の大きな OP アンプが必要です．

Tr_1 は通常はダイオードを使用するところです．しかし，ここではホールド時間が長い
ので **FET** をダイオード接続して使用します．汎用ダイオードはリーク電流が nA 〜 μA
オーダなので，低リーク選別品でないと使用できません．ちなみにダイオード接続した
FET のリーク電流は pA オーダです．

図 10-20 は，2.82 V_{0-P} の正弦波半波(＋電圧だけ)を入力して，ピーク・ホールドさせた
ときの特性です．出力の OP アンプ A_{1b} で 2 倍しているので，5.64 V がホールドされてい
れば OK です．ここでは 5.604 V がホールドされていて問題ないことがわかります．

第11章
おまけの実践ノウハウ

97 / ビデオ帯域用にはビデオ専用アンプも有効

　画像…**ビデオ信号**を扱う周波数帯域といったら，およそ DC 〜 10MHz くらいでしょうか．

　安価なビデオ IC を探していたら，ちょうど**MC14576A**(モトローラ社)をサンプル入手できたので実験してみました．**図 11-1** に **MC14576A** の構成を示します．最近の高速 OP アンプでも性能的にはまったく問題ないのですが，OP アンプは優秀すぎて高価なため使用できない場合もあります．

　また，**LM318** という高速 OP アンプは安価なのですが，ビデオ信号独特の規格 *DG*(微分ゲイン)や *DP*(微分位相)に対しては特性が悪くて使用を断念しました．

〈図 11-1〉
汎用ビデオ・アンプ IC
MC14576A(モトローラ)
の構成

（a）ピン接続図▶

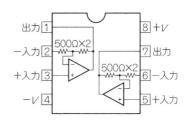

（b）MC14576A の仕様▼

型　名	電圧ゲイン (dB)	周波数特性 (dB)	*DG* (%)	*DP* (°)	クロストーク (dB)	出力ノイズ (μV_{RMS})	電源電圧/電流 (V/mA)
MC14576A	6 ± 1	± 3	3 max	3 max	50 (40 min)	135 (250 max)	5 〜 12 / 25

MC14576A の *DG/DP* 特性は，それぞれ最大3%/3°なので性能がそんなにきつくない用途には十分使えそうです.

図 11-2 が MC14576A の実験回路(150 Ω負荷)です. MC14576A ではゲイン設定用の500 Ω抵抗が内蔵されているため，－入力はそのままグラウンドに接続します. 図 11-3 に±5V 動作時の周波数特性を示します. 10 MHz に1 dB 弱のピークがありますが，これは図 11-4 に示すように電源電圧を±2.5 V にしても出ていることから，内部 OP アンプそ

〈図 11-2〉
MC14576A の実験回路

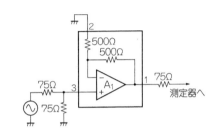

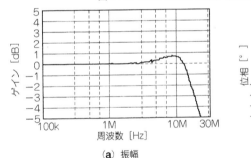

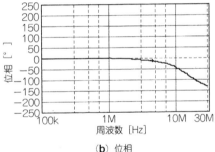

〈図 11-3〉 MC14576A の動作特性(± 5 V 動作，$V_{IN} = 2\,V_{P-P}$)

(a) 振幅   (b) 位相

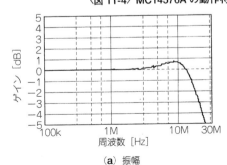

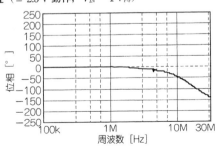

〈図 11-4〉 MC14576A の動作特性 (± 2.5 V 動作，$V_{IN} = 1\,V_{P-P}$)

(a) 振幅   (b) 位相

のものの特性のようです.

　肝心の *DG/DP* 特性も意外に良くて，0.3 %/0.3°でした.サンプル数が 2 個と少なかっ
たのではっきりは言えませんが，なかなか使えそうな IC です.なお，**MC14576A** の抵抗
が内蔵されていないタイプに **MC14577A** があります.

　民生用のビデオ IC は安価なのですが，AC 接続で使うものが多く，当然デカップリン
グ用に電解コンデンサを必要とします.DC 接続できる OP アンプなら直結できるため，
信頼性の低下が軽減できます.

98／ビデオ信号の切り替えにも汎用アナログ・スイッチが使える

　複数チャネルのビデオ信号を切り替えるときは，普通は専用のビデオ(アナログ)スイッ
チを使用します.しかし，値段が高いのがたまにきずです.チャネル数も 4 チャネルとか
8 チャネルが多く，必要なチャネルが 5 チャネルとか 6 チャネルの場合は使わないチャネ
ルが余ってしまい，なんとなくもったいない気がします.

　しかし，汎用 CMOS の 4000 番シリーズの安価な**汎用アナログ・スイッチ**(あるいはマ
ルチプレクサ IC)でも，回路の工夫しだいでは 5 MHz くらいまではりっぱに使用するこ
とができます.

　図 11-5 に，ビデオ信号切り替えの基本回路を示します.一見するとこれで十分使用で
きそうですが，なにせ相手が高周波…ビデオ帯域なのでそうはうまくいきません.高周波
信号を切り替えるときは，とくにスイッチの**オフ・アイソレーション**特性が非常に重要な
のです.

　スイッチのオフ・アイソレーションというのは，OFF 入力チャネルの信号が出力に漏

〈図 11-5〉
信号切り替えの基本回路

D₁～D₄で選ばれたスイッチのみONする

入力1　D₁
入力2　D₂
入力3　D₃
入力4　D₄

×1
インピーダンス変換用バッファ

出力

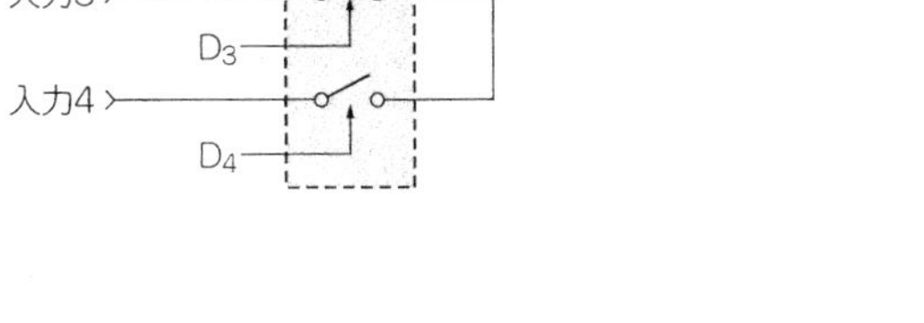

〈図 11-6〉
アナログ・スイッチの等価回路

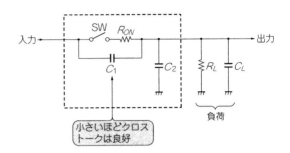

れてくる度合を表します. 理想的には OFF チャネル入力の信号は出力には漏れませんが, 図11-6 に示すように, アナログ・スイッチ内部の浮遊容量 C_1 が存在するため, 高周波になるほどリークの割合が増えてしまいます. また, 一般に入力点数が多くなるほど OFF チャネル数も増大するので, オフ・アイソレーションはさらに悪化してしまいます.

図11-7 は, 汎用 CMOS のマルチプレクサ IC 4052B のオフ・アイソレーション(クロストーク)特性を測定した結果です. 入力数は4チャネルなので1チャネルだけ ON させて, 残りのチャネルはすべて OFF にしています. このとき OFF チャネルからのリークは図(b)から約 – 38 dB(5 MHz)でした. この値で十分な応用も多いのでしょうが, もう少し回路を工夫してみましょう.

図11-8 がオフ・アイソレーションを改善するための回路です(入力数は5チャネルに増えている). スイッチの数が3倍に増えていますが, 性能は大きく改善されています. スイッチ SW_a は図11-7 と同じですが, SW_b と SW_c がおまけで付いています. SW_b の動作は SW_a と同じですが, SW_c は ON チャネルのみ OFF になります(したがって, OFF チャ

〈図 11-7〉 汎用 CMOS IC 4052B のクロストーク特性測定

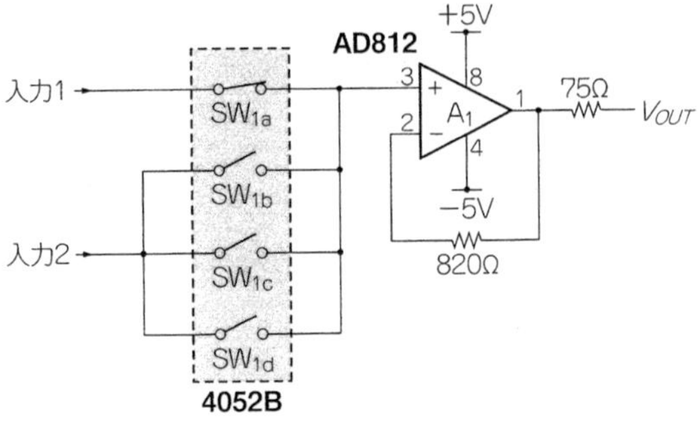

(a) 実験回路 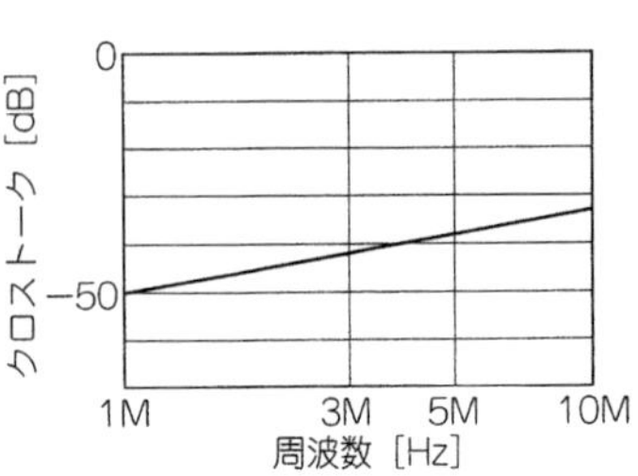   (b) クロストーク特性

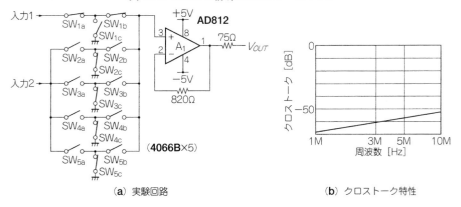

〈図 11-8〉 4066B で構成したビデオ・スイッチ

(a) 実験回路

(b) クロストーク特性

ネルは ON).

　図 11-8(a)は，入力 1 がセレクトされたときの状態です．OFF チャネル側の信号は SWₐ で切り離されます．しかも，SW꜀ ではグラウンドに接続されるといった念の入れようです．図(b)にこの回路のクロストーク特性を示しますが，約 − 58 dB(5 MHz)と 20 dB も改善されています．

　このように汎用ロジック IC でも回路の工夫しだいで，ビデオ信号を切り替えることができるのです．なお，実験には汎用の DIP 形状の IC を使いましたが，SO パッケージ IC で基板を作れば，さらに特性が改善されるはずです．DIP はピンが太いのでピン間の浮遊容量が大きいためです．

　汎用ロジック IC は電源電圧が低く，通常 ±5 V 電源で使用します．したがって，実験では OP アンプに高周波 OP アンプの **AD812**(±15 V 動作可能)を使用しましたが，±5 V 動作の **AD8056** とか **AD8072**，**AD8052**(いずれも 2 回路入り)のほうが安価です．

99 / 10 MHz 以上のアナログ・スイッチには PIN ダイオードが効果的

　ビデオ周波数帯域までのスイッチには，工夫次第で汎用アナログ・スイッチが使用できますが，周波数が 10 MHz 以上になってくるとさすがに難しくなってきます．高周波専用アナログ・スイッチや高周波リレーも市販されていますが，値段が高くてちょっと手を出しづらいところがあります．また，高周波リレー(同軸リレーなど)は形状が大きいところ

も難点です.

　そのようなときは **PIN ダイオード**を使った回路をお勧めします.

　図 11-9 に 10 MHz の信号用の**プログラマブル・ゲイン・アンプ**を示します. また, **図 11-10** に PIN ダイオード 1SV99(東芝)の特性を示します. 1SV99 なら小さい(TO92 パッケージ)上に安価(数十円)です. テレビのアンテナ切り替え用多く使われているからです.

　PIN ダイオードの特徴は, 順方向電流 I_F の大きさでその直列抵抗 r_s の値が大きく変化することです. **図 11-10** からわかるように, I_F がゼロでは r_s が 6 kΩ もありますが, I_F = 10 mA では r_s が 10 Ω 以下と小さくなってしまいます.

　図 11-9 をもう一度見てください. コントロール電圧"L"のときはダイオード D2 が OFF するので, 1SV99 には電流が流れず r_s は大きくなるので OP アンプ A_1 のゲインはほぼ 1 倍になります. ところがコントロール電圧を"H"にすると, 1SV99 には(+ 5 V − 0.7

〈図 11-9〉
10 MHz 信号用のゲイン切り替え回路

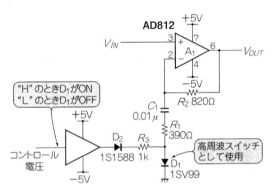

〈図 11-10〉
PIN ダイオード 1SV99 の特性

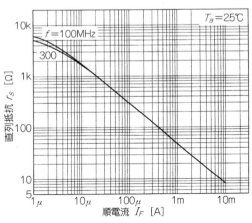

V − 0.7 V)/1k Ω = 3.6 mA 流れます. **図 11-10** より 3.6 mA での r_s は約 20 Ω なので, A_1 の
ゲインはほぼ 3 倍になります.

　PIN ダイオードを使ったスイッチは精度的にはあまり良くありませんが, 小型でしか
も安価なので, 手軽に使えてたいへん便利です. 最近ではこういうディスクリート・タイ
プのものはだんだんチップ・タイプに置き代わっていますが, チップ・タイプのものは高
周波用なので r_s が小さく, 10 MHz 程度で使用するにはちょっと不向きです.

100 ／ 基準電圧を作るときの要注意事項 … TL431 の発振

　OP アンプ回路, とくに計測回路では**基準電圧**が必要になることが多くあります. その
ようなときに使うのが基準電圧 IC です. よく使う基準電圧用 IC に **TL431** という IC があ
ります.

　表 11-1 に **TL431** の仕様を示します. 基準電圧用としてはまあまあの特性で, 安価なの
で利用価値は十分あります.

　ところがこの IC は**容量負荷**に弱く, **図 11-11** に示すように C_L = 0.01〜数 μF のコンデ
ンサを付けると発振してしまうのです. 容量負荷による発振は OP アンプでもよく起きま
すから, こういう現象はアナログ IC 全部に当てはまるんだと納得してしまいました.

　「それなら負荷に C_L をつながなければいいじゃない」と考えるかもしれませんが, 基

〈表 11-1〉
汎用基準電圧 IC TL431 の特性▶

基準電圧	2.495 V ± 55 mV
温度係数	50 ppm / ℃
出力電圧	2.5 〜 36 V
最小カソード電圧	0.4 (1 max)mA
基準電圧端子の入力電流	2 μA

〈図 11-11〉 TL431 の基本的な使い方▼

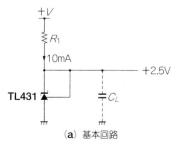

（**a**）基本回路

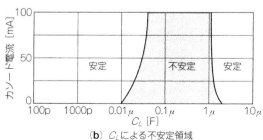

（**b**）C_L による不安定領域

〈図 11-12〉 TL431 を応用するときの実例

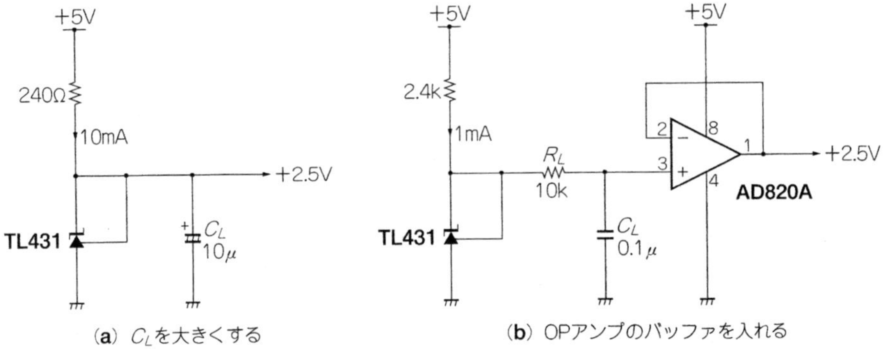

(a) C_L を大きくする　　　　　　(b) OPアンプのバッファを入れる

準電圧 IC はたいていノイズが大きいものです．**TL431** の場合も $40\,\mathrm{nV}/\sqrt{\mathrm{Hz}}@10\mathrm{mA}$ もあ
ります．そこで TL431 を使うときは，ノイズ除去のために C_L を付けるのですが…．

TL431 は通常は**図 11-12** のようにして使用します．図(a)は C_L を大きくした回路です．
図 11-11(b) より C_L が数 μF 以上なら安定領域に入るので，$C_L = 10\,\mu$F と大きくしてお
けば大丈夫です．

図(b)は抵抗 $R_L = 10\mathrm{k}\,\Omega$ をつけて，C_L との組み合わせで**ローパス・フィルタ**を形成した
回路です．R_L を付けたおかげで発振は防止できましたが，TL431 から大きな出力電流を
取ることができなくなりました．したがって，OP アンプのバッファを入れておきます．
OP アンプがもったいないようにも思えますが，OP アンプを追加することで各種の電圧
が用意できるのでかえって設計がしやすくなることがあります．任意の基準電圧を作ると
きに便利な方法です．

Appendix　登場した OP アンプのピン接続

型名	回路数	特徴	ピン接続	型名	回路数	特徴	ピン接続
AD548	シングル	汎用, FET	②	AD8056	デュアル		⑫
AD549	シングル	FET	②	AD8072	デュアル		⑫
AD705	シングル		③	AD812	デュアル		⑫
AD707	シングル		②	AD820A	シングル	単電源	②
AD711	シングル	汎用, FET	②	AD822	デュアル	単電源	⑫
AD712	デュアル	汎用, FET	⑫	AD829	シングル		③
AD745	シングル	FET	②	AD847	シングル		⑨
AD795	シングル	FET	②	AD8532	デュアル	CMOS	⑫
AD797A	シングル		⑤	AD9631	シングル		①
AD8001	シングル		①	CA3160	シングル	CMOS	④
AD8036	シングル		⑦	HA2540	シングル		⑬
AD8041	シングル		④	HA2605	シングル		⑤
AD8052	デュアル		⑫				

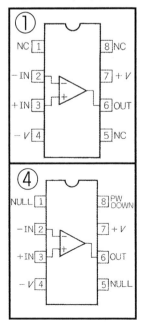

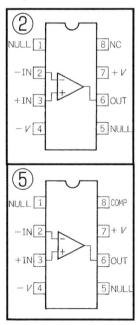

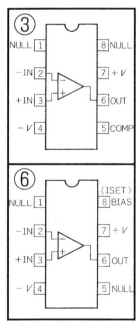

型名	回路数	特徴	ピン接続	型名	回路数	特徴	ピン接続
ICH8500A	シングル		⑪	LT1012	シングル		③
ICL7612	シングル	CMOS	⑥	LT1028	シングル		③
LF356	シングル	FET	②	LT1077	シングル	LP	⑨
LM11	シングル		③	LT1360	シングル		⑨
LM308	シングル		⑧	LTC1152	シングル	CMOS	⑮
LM318	シングル		⑤	MAX402	シングル	LP, HS	②
LM324	クアッド	単電源	⑭	MAX403	シングル	LP, HS	②
LM358	デュアル	単電源	⑫	MAX438	シングル	LP, HS	②
LM4250	シングル	LP	⑤	MAX439	シングル	LP, HS	②
LM6361	シングル		⑨	MAX478	デュアル	LP	⑫
LM833	デュアル	汎用	⑫	MAX480	シングル	LP	②
LMC6001	シングル	CMOS	①	MC33077	デュアル	汎用	⑫
LMC662	デュアル	CMOS	⑫	MC34071	シングル	汎用	②
LP324	クアッド	LP	⑭	MC34072	デュアル	汎用	⑫
LPC661	シングル	CMOS	①	MC34074	クアッド	汎用	⑭
LPC662	デュアル	CMOS	⑫	MC34082	デュアル		⑫

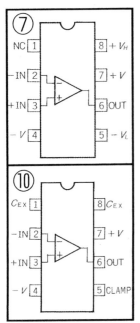

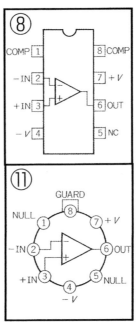

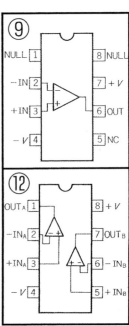

型名	回路数	特徴	ピン接続	型名	回路数	特徴	ピン接続
NE5532	デュアル	汎用	⑫	OPA627	シングル		②
NJM4580	デュアル	汎用	⑫	OPA637	シングル		②
OP07	シングル		⑨	RC4558	デュアル	汎用	⑫
OP177	シングル		⑨	TL061	シングル		②
OP213	デュアル		⑫	TL071	シングル	汎用, FET	②
OP22	シングル	LP	⑥	TL081	シングル		②
OP27	シングル		⑨	TLC2654	シングル	CMOS	⑩
OP275	デュアル	汎用	⑫	TLC271	シングル	CMOS	⑥
OP279	デュアル	RTR	⑫	TLC274	クアッド	CMOS	⑭
OP285	デュアル		⑫	TLC27M2	デュアル	CMOS	⑫
OP295	デュアル	RTR	⑫	μA741	シングル	汎用	②
OP37	シングル		⑨	μPC252A	シングル		⑯
OP90	シングル		②	μPC253	シングル	LP	⑰
OP97	シングル		③	μPC811	シングル	汎用, FET	②
OPA128	シングル		⑪	μPC812	デュアル	汎用, FET	⑫
OPA604	シングル	FET	②	μPC844	クアッド	汎用	⑭

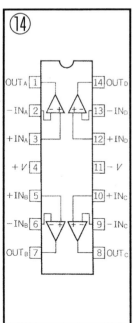

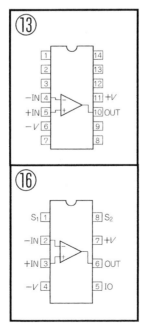

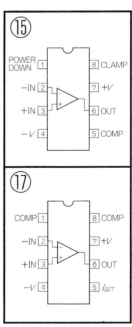

◆ 参考・引用*文献 ◆

(1)* リニア・データブック 1994/95，アナログ・デバイセズ㈱

(2)* プロダクト・データブック 1998/99，日本バー・ブラウン㈱

(3)* 1997 データブック，エランテック社

(4)* データブック　1993 年，ハリス㈱

(5)* リニア・データブック 1990 年，リニアテクノロジー㈱

(6)* OP アンプデータ・シート，マキシム・ジャパン㈱

(7)* リニア&インターフェース IC データブック　1988 年，モトローラ社

(8)* リニア IC データシート，フィリップス・セミコンダクター社

(9)* リニア IC データシート，ナショナル・セミコンダクター・ジャパン㈱（コムリニ ア製品）

(10)* リニア・データブック　1980 年，レイセオン社

(11)* リニア・サーキット・データブック　1989 年，日本テキサスインスツルメンツ社

(12)* リニア IC データシート，新日本無線㈱

(13)* 汎用リニア IC1994/95，NEC ㈱

(14)* リニア IC データシート，松下電子工業㈱

(15)* リニア IC データシート，三菱電機㈱

(16)* AD9057 エバリューション・ボード資料，アナログ・デバイセズ㈱

(17)* アンプ・ゼネラル・カタログ　1984 年，日本エー・エム・ピー㈱

(18)* チップ・コンデンサ・カタログ　1995 年，日本ヴィトラモン㈱

(19)* OS-CON TECHNICAL BOOK　1996 年，三洋電子部品㈱

(20)* 定電流ダイオード・カタログ　1988 年，石塚電子㈱

(21)* 半導体データブック小信号トランジスタ編，1988 年，㈱東芝

(22)* 同軸ケーブル・カタログ　1990 年，潤工社㈱

(23)* 高リニアリティ・アナログ・フォトカプラ CNR200/201 データ・シート　1994 年，日本 ヒューレット・パッカード㈱

(24) スイッチ・セレクション・ガイド' 97，㈱フジソク

(25)* フォト・カプラ・データシート，㈱モリリカ

(26) 『ANALOG JOURNAL』，1989 年 No.1 ～ 1996 年 No.3 まで，アナログ・デバイセズ㈱

(27) 『ADM SELECTION』，1998 年 No.2 ～ No.5 まで，エー・ディ・エム㈱

(28) 松井邦彦；「アナログ・フロントエンド設計技術徹底マスタ」，『トランジスタ技術』， 1992 年 10 月号，pp.270-281

⑵⒐　松井邦彦；「OP アンプのトレンドと賢い選択技術」,『トランジスタ技術』, 1994 年 12 月号,
　　　pp.206-227

⑶⓪　松井邦彦；「容量負荷に強い OP アンプの周波数特性を調べる」,『トランジスタ技術』,
　　　1994 年 5 月号, pp.394-395

⑶⑴　松井邦彦；「確実に動作するアナログ回路の実装技術」,『トランジスタ技術』, 1998 年 3
　　　月号, pp.243-261

⑶⑵　松井邦彦；「OP アンプのユニークな使い方」,『トランジスタ技術』, 1995 年 10 月号,
　　　pp.339-346

⑶⑶　松井邦彦；「バンドパス・フィルタの設計ノウハウ」,『トランジスタ技術』, 1995 年 8 月
　　　号, pp.345-353

⑶⑷　今田, 深谷；『実用アナログ・フィルタ設計法』, 1989 年, CQ 出版㈱

⑶⑸　M.E.VAN VALKENBURG 著, 柳沢, 金井　訳；『アナログフィルタの設計』, 1985 年,
　　　秋葉出版㈱

⑶⑹　A.B.ウィリアムズ著, 加藤康雄　監訳；『電子フィルタ回路設計ハンドブック』, 1985 年,
　　　マグロウヒルブック㈱

⑶⑺　松井邦彦；「絶対値アンプ回路の設計ノウハウ」,『トランジスタ技術』, 1996 年 2 月号,
　　　pp.343-350

⑶⑻　プロダクト・セレクション・ガイド '93/94, TDK ㈱

⑶⑼　コイル・フィルタ・データブック, 東光㈱

⑷⓪　EMI 対策用部品, 富士電気化学㈱

⑷⑴　コンデンサ・データブック, 日本ケミコン㈱

⑷⑵　コンデンサ・データブック, ニチコン㈱

⑷⑶　FET データブック, ㈱日立製作所

⑷⑷　JFET セレクション・ガイド, Inter FET 社(コーンズ扱い)

⑷⑸*　フォト・ダイオード・データシート, シャープ㈱

索 引

【OP アンプ・デバイス等】

復刻版 OPアンプ活用100の実践ノウハウ

1999 年　1 月　1 日　　初版発行
2015 年 10 月　1 日　　オンデマンド版発行

© 松井 邦彦 199█
（無断転載を禁じます）

著　者　　松井　邦彦
発行人　　寺前　裕█
発行所　　CQ出版株式会社
〒112-8619　東京都文京区千石 4-29-1█

乱丁・落丁本はご面倒でも小社宛てにお送りください．
送料小社負担にてお取り替えいたします．
本体価格は裏表紙に表示してあります．

電話　編集　03-5395-212█
　　　販売　03-5395-214█
振替　　　　00100-7-1066█

ISBN978-4-7898-5234-0

印刷・製本　大日本印刷株式会社
Printed in Japan